SRI LANKA

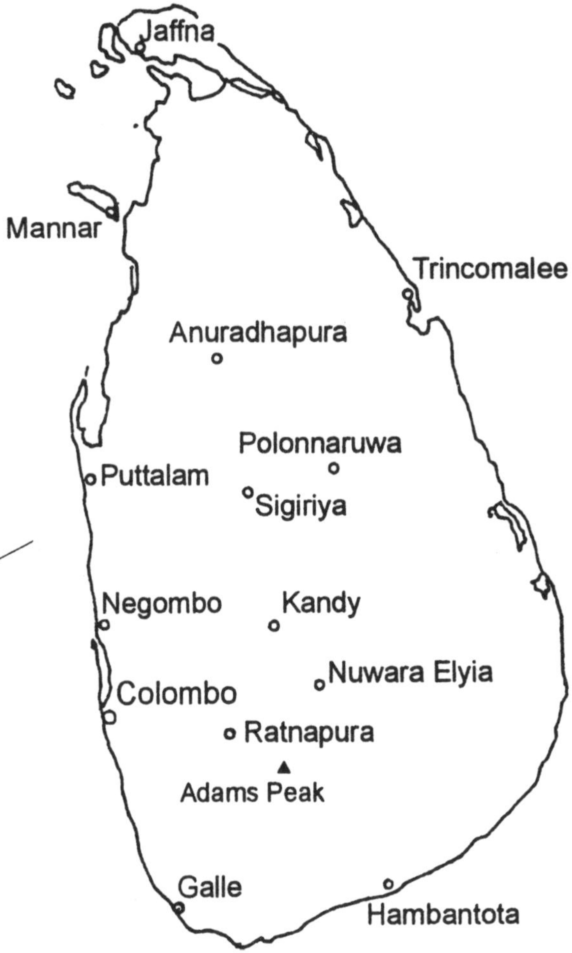
Jaffna
Mannar
Trincomalee
Anuradhapura
Polonnaruwa
Puttalam
Sigiriya
Negombo
Kandy
Nuwara Elyia
Colombo
Ratnapura
Adams Peak
Galle
Hambantota

Tropensonne – Regenwälder – Tempeltänzer /
Ferdinand Starmühlner

Ferdinand Starmühlner

Tropensonne
Regenwälder
Tempeltänzer

Forschungen auf Sri Lanka

EDITION VA BENE

Die Deutsche Bibliothek – CIP-Einheitsaufnahme

Starmühlner, Ferdinand:
Tropensonne – Regenwälder – Tempeltänzer :
Forschungen auf Sri Lanka /
Ferdinand Starmühlner. –

Wien ; Klosterneuburg : EDITION VA BENE, 1999.
ISBN 3-85167-079-5

Bildnachweis:
Foto auf der vorderen Umschlagseite:
eine der Mädchendarstellungen aus den Felsmalereien von Sigiriya;
Foto auf der hinteren Umschlagseite:
Tempelelefanten aus Elfenbein mit Edelsteinen.
Alle Fotos vom Autor, außer: 35, 36, 41, 43, 44 (Prof. Mizzaro), 37, 38 (Fotogruppe des Meeres-Vivarium Wien, Rudolf Krska, Adolf Schatten), 42, 48 (Archiv des Zoologischen Instituts der Universität Wien).

Umschlaggestaltung: Brigitte Schwaiger, Wien
Repro: Theiss-Druck, Wolfsberg
Satz und Druckvorlage: Mag. Franz Stadler, Wien
Produktion: Die Druckdenker GmbH, Wien

Printed in Austria

ISBN 3-85167-079-5

Inhaltsverzeichnis

Einleitung 9

Geologie, Geographie, Klima 13

Besiedlung und Geschichte 17

Streifzüge durch Sri Lanka 47

Zwischen Korallenriff und
Bergwald 76

Riff – Lagune – Mangrove 76

Die Vegetation der
Großlandschaften 104

Die Tierwelt von Sri Lanka 117

Dieses Buch widme ich meiner Frau und Begleiterin Edith sowie unseren Freunden in Sri Lanka, insbesondere Frau Univ.-Prof. Dr. Damayanthi Atapattu und Herrn Univ.-Prof. Dr. Henry Costa.

Einleitung

Im Frühsommer 1967 erreichte mich eine Einladung der Indischen Marinbiologischen Gesellschaft und des Staatlichen Indischen Meeresforschungsinstitutes zur Teilnahme an einem meeresbiologischen Kongreß in Cochin-Ernakulam (Kerala, Südindien). Man ersuchte mich, einen Vortrag über die Ergebnisse der Österreichischen Tyrrhenia-Expedition 1952 der Universität Wien zur Erforschung der Meereshöhlen zu halten. Ich stimmte zu, arbeitete aber auch ein Forschungsprogramm über die Verteilung der Küstenfauna von Südindien und Sri Lanka im Anschluß an den Kongreß aus.

Mit Subventionen des Dr. Adolf Schärf-Fonds der (damaligen) Zentralsparkasse der Stadt Wien und des Kulturamtes der Stadt Wien konnte ich die Ausrüstung, Flugreise und den Aufenthalt während der Expedition, an der auch meine Frau teilnahm, finanzieren.

Während des Kongresses lernten wir Frau Prof. Dr. Damayanthi Atapattu, die Leiterin des Zoologischen Institutes der Universität Colombo in Sri Lanka, kennen. Sie war als Malakozoologin (Malakozoologie = Weichtierkunde) eine Fachkollegin, die, wie ich, über die Verteilung und Ökologie der Küstenweichtiere gearbeitet hatte. Ich erzählte Frau Atapattu, daß ich nach dem Kongreß Tauchuntersuchungen über die Zonierung der Küstenfauna in Südwestindien (bei Trivandrum) und – vergleichend – in Südostindien (Forschungsinstitut Mandapam Camp bei Rameswaram) sowie an der Südwestküste von Sri Lanka (Mt. Lavinia, Negombo) durchführen wollte. Sofort bot sich Frau Atapattu an, uns bei unserem Aufenthalt in Colombo, wo sie mit ihrer Familie ein Haus besaß, zu unterstützen und mich mit Kollegen der Universität zusammenzubringen.

Am 20. Februar 1968 flogen wir nach Colombo, wo wir von Frau Dr. Atapattu und dem „Fischerpater" Fernando empfangen wurden, die meine Frau und mich im Sea-View Hotel unterbrachten.

Die Sammelexkursionen erfolgten bei den Küstenfelsen am Strand von Mt. Lavinia und bei Negombo.

Am Ende unseres Aufenthaltes kam es zu einem Treffen mit dem Hydrobiologen Prof. Dr. Henry Costa vom Zoologischen Institut der Universität Kelaniya. Es war bestimmend für unsere drei weiteren Besuche auf der Tropeninsel. Wir besprachen die Vorbereitung einer gemeinsamen Untersuchung der Tierwelt der Bergfließgewässer im Hochland von Sri Lanka, ein Vorhaben, das wir 1970/71 ausführen konnten.

Nach einjähriger Vorbereitung startete, ermöglicht durch eine Subvention des Fonds zur Förderung der wissenschaftlichen Forschung und des Kulturamtes der Stadt Wien, die Österreichisch-Ceylonesische Hydrobiologische Expedition, an der, neben meiner Frau, noch Herr Dr. Günther Weninger und Prof. Dr. Henry Costa teilnahmen.

Bei unseren Sammelexkursionen im zentralen Gebirge untersuchten wir die Bergbäche und Flüsse von den Quellregionen bis zu den Tallagen. Einmal, bei Ratnapura, gab es ein gefährliches Abenteuer. Ich sammelte in der Mitte eines Bergflusses, dessen Ufer vom Dschungel gesäumt war. Wie immer kamen neugierige, meist jugendliche Bewohner der umliegenden Bergdörfer, um uns zu beobachten. Es war ja auch merkwürdig, wie wir mit hohen Fischerstiefeln zwischen dem Geröll des Flusses wateten und mit Kescher und Pinzette Wasserorganismen absammelten und konservierten. Daneben wurden Temperatur- und Strömungsmessungen durchgeführt, Wasserproben entnommen und Biotop-Fotos gemacht. Prof. Costa saß am Dschungelrand, wo wir unsere Ausrüstung niedergelegt hatten. Plötzlich hörte ich seine verzweifelten Rufe, ich stapfte zum Ufer zurück, um nachzusehen. Einige Burschen hatten sich aus dem Dschungel angeschlichen und mit einem schnellen Zugriff eine meiner Tragtaschen geschnappt und waren, bevor Prof. Costa eingreifen konnte, im Dickicht wieder verschwunden. Diese Tasche enthielt meine ganze Fotoausrüstung, zwei Kameras, Objektive und Farbfilme. Nun war guter Rat teuer. Allerdings hatten Einheimische, die am gegenüberliegenden Ufer standen, die Diebe erkannt und nannten Prof. Costa das naheliegende Dorf, aus dem die Diebe stammten.

Wir eilten zum Auto und fuhren zur Polizeistation von Ratnapura, wo Prof. Costa den Sachverhalt zu Protokoll gab. Die Polizisten begaben sich sofort mit uns in das angegebene Dorf, wo sich einer der Burschen versteckt hatte. Nachdem er gefunden und einem peinlichen Verhör unterzogen worden war, bei dem die Polizisten nicht gerade zimperlich mit ihm umgingen, führte uns der Bursche – er war etwa 16 bis 17 Jahre alt – zu einer nahegelegenen Höhle im Dschungel, wo sie die Tasche versteckt hatten. Ich öffnete sie, alle Kameras, Zubehör und Filme waren unversehrt ... Am Abend wurde auch der zweite Dieb gefaßt, der sich tagsüber versteckt hatte. Die Bewohner des Dorfes kamen zu unserer Unterkunft, um sich zu entschuldigen. Für sie – arme Bergbauern – war es unbegreiflich, daß zwei von ihnen Fremde, die ja „Gäste von Sri Lanka" waren, bestehlen wollten. Übrigens gaben die zwei Burschen, die den Wert der Ausrüstung natürlich nicht abschätzen konnten, an, daß sie diese um einige Rupien verkaufen wollten – sie waren arbeitslos! Wir baten die Polizisten, von einer Bestrafung abzusehen, aber sie mußten, da Prof. Costa ja eine Anzeige gemacht hatte, trotzdem für einige Tage in den Kotter.

Unsere umfangreiche Ausbeute, in der sich auch viele neue, bisher der Wissenschaft unbekannte Tierarten befanden, wurde Ende Januar 1971 mit Gesteins- und Wasserproben in Colombo in unsere Kisten verpackt und mit Luftfracht an das Zoologische Institut in Wien gesandt. Unsere Reise ging weiter, zuerst zu einem Kongreß nach Cochin, wo ich über meine Forschungen von 1968 berichtete, und anschließend über Madras, Singapur, Bangkok und Hongkong auf verschiedene Südseeinseln. Die Ergebnisse der Expedition wurden nach der Bearbeitung des gesammelten Tier- und Pflanzenmateriales durch uns und verschieden Spezialisten in den folgenden Jahren in zahlreichen Publikationen und auf Fachkongressen dokumentiert.

Der dritte Besuch auf Sri Lanka erfolgte im Januar 1977, nach der Rückkehr von einer Expedition auf die Andamanen-Inseln im Golf von Bengalen. Wir hatten eine Einladung vom Direktorium des Naturhistorischen Museums in Colombo zur Hundertjahrfeier, um einen Vortrag über die Ergebnisse unserer Expedition von 1970/71 zu halten.

1990 bekam ich eine Einladung zum „Internationalen und Interdisziplinären Symposion über die Ökologie und das Landschafts-Management in Sri Lanka", das im Taj Samudra Hotel in Colombo abgehalten wurde. Geologen, Geographen, Landschaftsplaner, Ökologen, Botaniker und Zoologen referierten über ihre Forschungen auf der Insel und die Möglichkeiten zur Erhaltung der bedrohten tropischen Landschaften zwischen den Korallenriffen und Bergregenwäldern durch die Schaffung von Schutzgebieten.

Die Ergebnisse dieses Symposions wurden 1993 in einem 621 Seiten langen Bericht mit den Referaten der Kongreßteilnehmer im Verlag Josef Margraf von den Herausgebern Dr. Walter Erdelen, Dr. Christian Preu, Dr. Natarajan Ishwaran und Prof. Dr. C. M. Madduma Bandara publiziert.

Geologie, Geographie, Klima

1924 veröffentlichte der deutsche Meteorologe Alfred Wegener, Professor an der Universität Graz, zum ersten Male seine Kontinentaldrift-Theorie. Er war der Ansicht, daß die heutigen Kontinente vor 300 Millionen Jahren eine gemeinsame Landmasse (Pangaea) gebildet haben, die dann in eine nördliche (Laurasia) und eine südliche Masse (Gondwana) zerfiel, die durch eine Meeresstraße (Tethys) getrennt waren. Das südliche Gondwanaland (benannt nach einer historischen Landschaft im indischen Dekkan) umfaßte die heutigen Kontinente Südamerika, Afrika (mit Madagaskar), Indien (mit Sri Lanka, Seychellen), Australien (mit Neuguinea, Tasmanien und Neuseeland) sowie die Antarktis.

Der Zerfall des Gondwanalandes begann, nach dem heutigen Stand der Kenntnisse, im Erdmittelalter zwischen Trias und Jura (vor ca. 135 bis 180 Millionen Jahren). Südamerika driftete nach Westen, Afrika nach Norden, im Südosten trennte sich Madagaskar (vor 65 bis 70 Millionen Jahren) ab, Indien (mit dem heutigen Sri Lanka und den Seychellen) driftete nach Nordosten, Australien (mit Neuguinea, Tasmanien und Neuseeland) nach Osten und die Antarktis nach Süden.

Madagaskar, die Seychellen und Sri Lanka werden daher, als Teilstücke des ehemaligen Großkontinents, als „kontinentale Inseln" bezeichnet, deren Flora und Fauna durch die Abtrennung, vor allem in den Urwaldbergen, eigenständige Entwicklungen nahmen. Altertümliche Merkmale der Organismen blieben zwar zum Teil erhalten („lebende Fossilien"), daneben kam es aber zu hohen Spezialisierungen in den isolierten Insel-Lebensräumen.

Das heutige Sri Lanka (früher: Ceylon) ist ein ehemaliger Teil Südindiens, dessen Zentralsockel einen Gondwana-Rest darstellt, der zu vier Fünftel aus vorkambrischen, kristallinen Gesteinen (vor 500 Millionen Jahren) gebildet wird. Sie lassen sich in drei Hauptgruppen unterteilen: (1) die Hochlandserien aus metamorphisierten, charnotischen Gneisen und Hornblende-Biotiten; (2) etwas abgeänderte Südwest-Serien mit metamorphen Granulitschichten; und (3) der Vijayar-Komplex aus magmatitischen, granitischen Gneisen und Granitgesteinen im Osten und Westen der Hochlandserien. Es sind die gleichen Granite und Gneise, die sich im Hochland von Madagaskar, bei den Felsen der Seychellen und in Südafrika finden. Zwei schmale mesozoische (jurassische) Ablagerungen (vor 150 Millionen Jahren) sind im Nordwesten der Insel in der vorkambrischen Basis eingefaltet.

Die tropfenförmige Insel Sri Lanka liegt geographisch zwischen dem 5. und 9. Grad nördlich des Äquators und zwischen dem 79. und 81. Grad östlicher Länge. Sie umfaßt eine Fläche von 65.610 Quadratkilometer (vgl. Österreich: 83.857 Quadratkilometer). Der größte Längendurchmesser (Nord–Süd) erreicht 434 Kilometer, die größte Breite (West–Ost) 225 Kilometer. Das südliche Zentralgebirge zerfällt in drei bis vier treppenförmige und zum Teil steil abfallende Rumpfflächen: (1) die Küstenebene von 0 bis 100 Meter; (2) die Vorberge von 100 bis 500 Meter (Kandy); (3) das Hochplateau in 1000 bis 1500 Meter (Hatton); und (4) das Nurelia-Hochland über 1900 Meter. Diese oberste Rumpffläche wird von schwer erodierbaren „Härtlingen“ mit über 2000 Meter überragt, wobei der Pidurutalagala über Nurelia mit 2526 Meter die höchste Erhebung der Insel bildet. Die Kuppe des Adams Peak, des „heiligen Berges“ von Sri Lanka bei Ratnapura, erreicht 2234 Meter und der Totupala über Worlds End 2243 Meter.

Der Süden des zentralen Urgesteingebirges ist stärker erhoben als der Norden und fällt bei Worlds End fast 900 Meter steil zum Hügelland der Südküste ab. Die Küstenrandgebiete bilden ein Tiefland, das von schroffen Schluchten und Inselbergen (wie den Felsen von Sigiriya) aus glatt erodierten Urgesteinsklötzen unterbrochen wird. Die Küstenlinien säumen vorgelagerte Koralleninseln und Lagunen, die vor allem im Norden tief eingeschnitten sind. Dahinter dehnt sich bis zur Ostküste eine regenarme Trockenlandschaft, die „Sahara“ Jaffnas, aus.

Das tropische Inselklima wird durch die Menge und Verteilung der Monsunwinde des Indischen Ozeans und deren Niederschläge bewirkt. Ihre Menge ist von der Windrichtung sowie der Lage und dem Bodenrelief abhängig. Der winterliche Nordost-Monsun weht zwischen November und Februar; er bringt dem Norden und Nordosten der Insel gelegentlich starke, aber kurze Niederschläge. Zwischen März und Mai folgt eine Zwischenmonsunzeit und vom Mai bis August der sommerliche Südwest-Monsun, der starke Regenfälle an der Südwestküste bewirkt, wobei an der Westseite des Zentralgebirges, im Luv des Adams Peak bei Carney (Ratnapura), Niederschläge bis 5 Meter pro Jahr gemessen werden. An den westlichen Berghängen, wie im Urwald von Sinharaja, kann dabei die tägliche Regenmenge viele Liter pro Quadratmeter betragen!

Das Temperatur-Jahresmittel liegt an der Küste bei 27,1 Grad Celsius, in Kurunegala (116 Meter) bei 27 Grad, in Kandy (504 Meter) bei 24,8 Grad, in Badulla (679 Meter) bei 23,1 Grad, in Diyatalawa bei 20,1 Grad und in Nurelia (1800 Meter) bei 15,6 Grad. Die Tag-Nacht-Schwankungen betragen an der Küste 5 Grad, im Hochland 10 Grad, wobei hier die Temperatur im Winter in der Nacht auf unter 5 Grad sinken kann und der Boden eine Bedeckung mit Reif zeigt. Die Luftfeuchtigkeit schwankt an der Ostküste zwischen 80 und 90 Prozent und kann gelegentlich ein Extrem von 99 Prozent erreichen!

Die Insel gliedert sich in drei Klimazonen: (1) Feuchtklima im Südwesten, mit Unterschieden zwischen dem immerfeuchten, heißen, alluvialen Küstentiefland (von 0 bis 500/800 Meter und mehr als sieben Monaten Niederschlag mit über 2,5 Meter pro Jahr; Mitteltemperatur: 27 Grad; Feuchtigkeit: über 80 Prozent), dem anschließenden kristallinen Hügelland, einem immerfeuchten, warmen Bergland (500/800 Meter bis 1500 Meter; Niederschlag: bis 3 Meter pro Jahr; Mitteltemperatur: 20–25 Grad; Feuchtigkeit: 80 Prozent) sowie dem immerfeuchten, kühlen Hochland (1500 bis 2500 Meter; Niederschlag: bis 5 Meter pro Jahr; Mitteltemperatur: um 16 Grad; Feuchtigkeit: 80 Prozent); (2) Wechselklima der Feuchten Parksavanne zwischen dem Südwesten und dem Norden der Insel; und (3) Trockenklima der Trockenen Damana-Park- und Dornbuschsavanne im Norden und Osten (Regenfälle nur beim Nordost-Monsun zwischen November und Februar).

Besiedlung und Geschichte

Die erste Besiedlung der Insel Sri Lanka dürfte, nach dem heutigen Stand der Wissenschaft, während der Eiszeiten erfolgt sein, als es zur Bildung von Landbrücken zwischen Südindien und dem Norden von Sri Lanka kam. Damit ergab sich für Pflanzen, Tiere und Menschen die Möglichkeit der Einwanderung vom Subkontinent. Es ist möglich, daß bereits der *Homo erectus* (*Pithecanthropus*), der in der mittleren Eiszeit auftrat, auch auf die Insel gelangte. Die ältesten Funde des heutigen Menschen (*Homo sapiens*) stammen von Batadomba (vor 28.000 Jahren) und Fa Hien (vor 31.000 Jahren). Es sind dies die ältesten Nachweise des „modernen" Menschen in Südasien. Nach Hochrechnungen stieg die Individuendichte in dieser Zeit von 0,1 Individuen auf 1,5 Individuen pro Quadratkilometer. Diese Menschen lebten in Familiengruppen und verwendeten Werkzeuge aus Knochen und Quarzsteinen.

Die spätsteinzeitliche Bandarawella-Kultur Sri Lankas stimmt mit ihren Steinwerkzeugen (Messer, Schrubber, Bohrer) mit den Funden aus Südindien überein. Das Vorkommen von Holzkohle und gebrannten Töpfereien weist auf die Kenntnis des Feuermachens hin. Aus der darauffolgenden Balangoda-Phase (5000 v. Chr.) sind Skelettreste bekannt, die australoide Merkmale und Ähnlichkeiten mit den Weddas, den heutigen, nur mehr in wenigen Familien existierenden Ureinwohnern der Insel, zeigen. Brandrodungen in den Hügelland-Wäldern führten bereits ab der Spätsteinzeit zum Entstehen von Grasland, in dem das pantropisch verbreitete Mana-Gras (*Cymopogon confertiflora*) dominierte.

Die vorhistorische Periode fällt bereits in die Eisenzeit und ist in vorhistorischen, legendären Schriften, wie im indischen Ramayana und Mahabharata sowie in der singhalesischen Inselchronik Mahavamsa (483 v. bis 362 n. Chr., fortgesetzt in der Culavansa: 362 bis 1815 n. Chr.), beschrieben. Im 5. Jahrhundert v. Chr. begann die Invasion der Insel durch Indoarier aus Nordindien. Vijaya, Sohn des nordindischen Königs Singhabahu, wurde wegen seines ungebührlichen Verhaltens mit seinen siebenhundert Anhängern nach Protesten der Bevölkerung vom Staatsrat verbannt. Man brachte sie auf ein Schiff, nachdem man ihre Frauen und Freundinnen auf eine andere Barke geleitet hatte, und überließ sie den Strömungen des Indischen Ozeans. Während das „Frauenschiff" verschollen blieb, erreichten Vijaya und seine Genossen den Strand einer Insel, die von ihnen zuerst den Sanskrit-Namen „Lanka" („die Leuchtende") bekam. Die Ankömmlinge nannten sich Singhalesen („Löwensöhne"), und als erster König regierte, nach der Chronik Mahavamsa, Vijaya von 483 bis 445 v. Chr. Die frauenlosen Einwanderer suchten, nach der Legende, zuerst ihre Gemahlinnen unter den Frauen der wilden Yaksas, den „Ureinwohnern", wobei König Vijaya die schöne Kuveni, die Tochter eines Häuptlings, nach einem siegreichen Kampf ehelichte. Die ersten Siedlungen der Singhalesen entstanden beim Mahaveli-Fluß im Nordosten der Insel, während am Kadamba-Fluß im zentralen Norden die Einwanderer eine weitere Ansiedlung mit dem Namen Anuradhagama („Dorf des Anuradha") errichteten, aus der später die erste Hauptstadt, Anuradhapura („pura" = „Stadt"), entstand.

Nach der Vertreibung der wilden Yaksas und der „Bastardkinder" in die Urwälder des Südostens holten sich viele Singhalesen drawidische Frauen aus dem Land der Tamilen im Südosten Indiens. Auch König Vijaya heiratete, nach der Vertreibung der Yaksas, als zweite Frau eine tamilische Pandava-Prinzessin (nach den Chroniken ehelichten bis 1815 n. Chr. die meisten der 186 Könige von Sri Lanka tamilische Frauen, und 17 Könige des Singhalesenreiches waren reinblütige Tamilen!). Als Gründer des Königreiches und der Stadt Anuradhapura gilt ein Prinz Pandukabhaya, der

Sohn der Prinzessin Umadacitta („Citta“ = „deren Schönheit die Männer erregt“). Er besiegte mit 17 Jahren seine feindlichen Onkeln und erbaute die erste Hauptstadt.

Die letzten Nachkommen der vertriebenen Ureinwohner, heute meist Weddas (Sanskrit: „Jäger“) genannt, leben noch in den östlichen Wäldern. Es sind kleinwüchsige, kraushaarige, dunkelhäutige Menschen, eine Mischung aus den Ureinwohnern und den ersten Einwanderern. Als Wildbeuter sind sie umherschweifende Jäger und Sammler, die immer mehr ins unzugängliche Dschungelgebiet des Maha Oya im Südosten verdrängt wurden. Heute leben nur mehr zwanzig bis dreißig reinblütige Weddas, deren ursprüngliche Kultur durch ihre Abdrängung vollkommen verarmte …

Bereits die Phönizier nannten die Insel, von der sie Gewürze und Edelsteine holten, Tapparavim. Eratostenes von Kyrene (ca. 275–195 v. Chr.) zeichnete eine – heute verschollene – Weltkarte, die aber durch Strabon (ca. 63 v. Chr.–26 n. Chr.) inhaltlich bekannt ist, auf der die indische Küste aufscheint sowie eine Insel Tambapani oder Taprobane, das „kupferfarbene Land“. Andere Namen im Altertum waren „Teich der roten Lotosblüten“ und „Land der Hyazinthen und Rubine“ (ein Hinweis auf den Reichtum an Edelsteinen). Sie wird auch von Plinius (23/24–79 n. Chr.) in seiner „Historia naturalis“ (3–6: Geographie und Ethnologie) sowie auf der Landkarte des Claudius Ptolemaios (1.–2. Jahrhundert n. Chr.) erwähnt. Letzterer überschätzte die Größe der Insel, die er außerdem um 8 Grad zu weit südlich plazierte, was auch der Grund für spätere Verwechslungen mit Sumatra gewesen sein dürfte. Nach der Entdeckung Indiens auf dem Seewege durch den Portugiesen Vasco da Gama (1498) wurden die Gestalt und Lage der Insel mehr der Wirklichkeit angepaßt. In der „Margarita Philosophica“ von Georg Reisch (1503) findet sich auf einer Darstellung der Erde als Scheibe, die von den Weltwinden getragen wird, im „Mare Indicum“ auch die Insel Taprobane südlich von Indien eingezeichnet. Martin Behaim (1459–1507) zeichnete auf seinem Globus, dem berühmten „Erdapfel“ (1492), nach den Berichten von Marco Polo (3. Buch, 21. Kapitel), die Insel ebenfalls in falscher Lage. In den beigegebenen Beschriftungen spiegelt sich große Sehnsucht nach Edelsteinen und exotischen Gewürzen wider: „In dieser Insel Seilan findet man vil Edelgestains, Perlein oriental, der König dieser Insel hat den größten und schönsten Rubin den man in Welt je gesah ... er soll anderhalb Schuh sein und ain Spann brait, on all makel ..." Auf einer Seekarte von Alberto Cantinos (1502) liegt die, allerdings stark verkleinerte, Insel bereits in der richtigen Position zu Indien. Auf zwei separaten Holzschnittkarten von Pomponius Melas („De orbis insula", 1576) findet sich auf der einen die Bezeichnung „Taprobane" in der richtigen Position, auf der anderen werden „Taprobane" und „Samotra" genannt.

Die Insel Lanka bekam von den Singhalesen auch die Bezeichnung Sinhaladipa („Löweninsel"), das sich zu „Silan" verkürzte (Sanskrit: „Swarna Dipa"; portug.: „Cilao"; holl.: „Ceilan"; engl.: „Ceylon"; und arab.: „Serendip"). In einer Erzählung des britischen Schriftstellers Horace Walpole im 18. Jahrhundert wird von Seeleuten berichtet, die nach Irrfahrten glücklich auf Serendip landen. Noch heute bedeutet im Englischen „serendipity" unverhofftes (unverdientes) Glück! Der heutige offizielle Name „Sri Lanka" bedeutet die „ehrwürdige" (Sri) „leuchtende" (Lanka) Insel.

Das erste historische singhalesische Königreich entwickelte sich im trockenen Norden um die Hauptstadt Anuradhapura um 250 v. Chr. Mit der Einfuhr der Reispflanze kam es, für die Bewässerung der Reisfelder, zur Entwicklung von Wasserspeichern, sog. „tanks", von einfachen Bodenvertiefungen bis zum Ausbau von Teichen mit umgebenden Mauern und Wehranlagen. Das System ist einfach: Im natürlichen Gefälle der Landschaft wird durch Aushebung eine Wassertasche geschaffen, die sich in der Regenzeit mit Wasser füllt. Unterhalb eines zwei bis drei Meter hohen Staudammes aus gestampfter Erde oder Steinen liegen die zu bewässernden Reisfelder und Gemüsegärten. Die ältesten Tanks wurden unter den Königen Saddhatissa und

Duttugemunu (161–137 v. Chr.) sowie Vasaba (65 n. Chr.) und die Dammanlagen für Flußstaue unter König Dhatusena (459 n. Chr.) errichtet. Daneben kam es zum Bau von Kanälen, die von den Flüssen (z. B. Mahaweli-Ganga) das Wasser den Reisfeldern zuleiteten, wie beim Manimekhala-Kanal, der unter König Aggabodi I. (575–608 n. Chr.) gebaut wurde. In der letzten Bauphase wurden unter König Mahinda II. (777–779 n. Chr.) Tanks von einem Auffang- zu einem Speicherbecken verbunden.

Nach einer Bestandsaufnahme durch den topographischen Dienst wurden 1873 noch 2.877 historische Tanks registriert. Andere Angaben führen sogar – kleinste Teiche inbegriffen – bis zu 30.000 Wasserspeicher in der Trockenzone an, von denen heute noch 7000 in Betrieb sind, wobei einige seit über 1500 Jahren (!) verwendet werden.

Die hochgerechneten Angaben über Bevölkerungszahlen während der „Trockenzonen-Zivilisation" der künstlich bewässerten Gebiete um Anuradhapura schwanken von zwei/vier bis 14/17 (?) Millionen Menschen.

Während der Herrschaft des Königs Devanampiya Tissa (250–210 v. Chr.) sandte der befreundete, mächtige, nordindische König Ashoka seinen Sohn Arkant Mahinda, der buddhistischer Mönch war, nach Sri Lanka. Er traf den König während einer Jagd bei den Höhlen des Cetiya-Felsens (Mihintale) und begrüßte ihn mit den Worten: „Großer König, die Landtiere und Vögel dieses Landes haben das gleiche Recht auf Freiheit, die du zu leben beliebst und dich frei über das Land ziehen läßt." Durch seine Reden bekehrte er den König und seine Untertanen zum Buddhismus, der bis heute für das Land bestimmend ist. Heute führen 340 flache Stufen auf die Anhöhe, wo sich drei Dagobas befinden, von denen eine eine Reliquie von Mahinda birgt.

Die Grundlage der Lehre des historischen Siddharta Gautama (560–480 v. Chr.) besteht in seiner Aussage: „Es gibt keinen Gott, der verehrt werden will, und kein übernatürliches Wesen als den vollkommenen Menschen, der sich durch sein sündenfreies Leben selbst erlöst." Die wichtigsten

Wahrheiten, die der historische Buddha, ein nordindischer Fürstensohn, verkündete, sind die Leiden, die Ursachen der Leiden (das Begehren) und die Aufhebung der Leiden durch den „achtfachen" Pfad: rechte Erkenntnis, Gesinnung, Rede, Tun, Lebensunterhalt, Streben, Achtsamkeit und Sammlung. In Sri Lanka dominiert der orthodoxe ursprüngliche Hinayana- („Kleines Fahrzeug") oder Theravada-(„Lehre der Älteren"-)Buddhismus. Er bewahrt die ursprüngliche, mehr philosophische als religiöse Lehre Buddhas und unterscheidet sich vom, in Ostasien weit verbreiteten, Mahayana-Buddhismus („Großes Fahrzeug"). In ihm ist Buddha ins „Göttliche" aufgestiegen, und sogenannte Boddhisattvas, „buddhagleiche" Menschen, gehen noch nicht ins paradiesische Nirwana („Nichts") ein, sondern helfen anderen Menschen, Gutes zu tun. Im Volksglauben werden daneben auch lokale Gottheiten verehrt. Fast jeder junge buddhistische Mann geht wenigstens einmal in seinem Leben für einige Monate in ein Kloster (Regenzeit-Klausuren). Manche Männer bleiben als Mönche für immer im Kloster. Man erkennt sie am kahlgeschorenen Kopf und ihren orangen bis gelben Roben; außer ihrer notwendigen Bekleidung, Utensilien zur Reinigung, einem Palmblatt oder Regenschirm dürfen sie nichts besitzen und nach zwölf Uhr mittags keine feste Nahrung mehr zu sich nehmen. Der Buddhismus wurde in Sri Lanka zur Staatsreligion, und für den Bau von Klöstern und Tempeln bekamen die Mönche königliche Zuwendungen.

Immer wieder fielen im Norden, von Südostindien, tamilische Eroberer ein. Obwohl der singhalesische Nationalheld König Duttugemunu (auch: Dutthagamani; 161–137 v. Chr.) mit Hilfe von 500 Mönchen in einem Zweikampf den südindischen Eindringling Elara besiegen konnte und damit die Einheit Sri Lankas begründete, kam es in den folgenden Jahrhunderten immer wieder zu neuen Einfällen der Tamilenkönige, die sogar die Hauptstadt gelegentlich für Jahre besetzten und teilweise zerstörten. Nach ihrer Befreiung wurde sie wieder aufgebaut und die Bewässerungsanlagen erneuert. Sie erlaubten einen intensiven Ackerbau, sodaß die Überschußprodukte exportiert werden konnten. Es entstand ein intensiver Handel mit Hinterindien und China im Osten und bis Rom im Westen. Daneben wurde auch mit Edelsteinen, Muscheln, Perlen, Schildpatt und Elfenbein gehandelt.

Im 5. Jahrhundert n. Chr. kam es zu einer folgenschweren Auseinandersetzung im Königshaus. König Dhatusena (459–477), berühmt durch die Errichtung vieler Wasserspeicher, wurde von seinem zweiten Sohn, Kassapa, gestürzt (478–496). Der neue Herrscher verlangte die Herausgabe der väterlichen „Schätze". Der Vater führte seinen Sohn zum Kalavapi-Stausee, wo er nach einer Aussprache mit einem Mönch ins Wasser sprang und das gestaute Wasser als seinen „Schatz" bezeichnete. Der grausame Kassapa ließ ihn entkleiden und in einer Nische einmauern. Um dem Zorn seines Bruders zu entgehen, floh Kassapa mit seinen Gefolgsleuten zum Felsen von Sigiriya (Sinha = Löwe, giri = Felsen), der 200 Meter hoch als Granitklotz aus dem flachen Buschland aufragt. In siebenjähriger Bauzeit ließ er auf dem Felsen eine „uneinnehmbare" Festung errichten. Sein Halbbruder Mogallana zog nach 18 Jahren, mit einem Söldnerheer von Südindien kommend, zum Sigiriya-Felsen, um den Vater zu rächen. Merkwürdigerweise verließ Kassapa seine Felsenfestung und wollte sich dem Invasionsheer entgegenstellen. Seine Truppen flohen aber, und der König soll mit einem Kehlschnitt Selbstmord begangen haben. Nach einer anderen Version wurde die Festung durch Verrat erobert und Kassapa vom Felsen gestürzt. Die Felsenburg und die sie umgebenden Stadtanlagen verfielen und wurden erst im vorigen Jahrhundert von englischen Archäologen vom überwuchernden Dschungel freigelegt. Dabei fanden sie an der Westseite, auf einem schmalen Vorsprung, geschützt durch einen überhängenden Felsen, die Reste von Fresken in Tempelmalerei. Sie zeigen bis zu den Hüften in Wolken gehüllte, weibliche Figuren, deren mit Juwelen und Blumen geschmückter, üppiger Oberkörper erotische Ausstrahlung hat. Drei der Frauen tragen Blumen und Früchtekörbe. Es ist bis heute ungeklärt, ob es sich um Prinzessinnen mit ihren dunkelhäutigen Dienerinnen oder um „Himmelsmädchen“ (Apsaras) handelt, die aus den Wolken auftauchen. Die Lobpreisung eines frühen Besuchers schildert: „So kam ich zum Felsen und sah sie, die Schönen. Einige, ja einige Besucher können wieder nach unten gehen. Mich aber hält sie, die ‚Goldene‘ mit ihren blumengefüllten Händen ... ohne zu sprechen stehst du da und hast noch alle verzaubert, die dich sahen ...“ Die hohe künstlerische Qualität der Fresken veranlaßte die UNESCO, dieses Weltkulturerbe fachgerecht restaurieren und konservieren zu lassen. Heute gelangt man über eine umgitterte Wendeltreppe zur überdachten, gesicherten Felsnische und von dort auf ein Felsplateau. In den Steilfelsen geschlagene Stufen, an der Basis flankiert von monumentalen Löwenpranken, führen zum Hochplateau mit den spärlichen Resten der Palastgrundmauern, aber einem herrlichen Rundblick auf die umgebende Landschaft bis zu den Bergen im Südosten.

Im 10. und 11. Jahrhundert vermehrten sich die Invasionen aus dem Norden, wobei die Heere des damaligen mächtigen, südindischen Chola-Reiches 993 abermals bis Anuradhapura vordrangen und die Stadt 1017 endgültig zerstörten. Die Herrschaft der hinduistischen, tamilischen Cholas über den Norden der Insel dauerte bis 1073, bis sie der buddhistische, singhalesische König Vijaya Bahu (1055–1110) beendete. Er verlegte aber seine neue Hauptstadt weiter südlich nach Polonnaruwa. Mehr als tausend Jahre war Anuradhapura der „Mittelpunkt“ der Insel, eine weitläufige Anlage mit einem vom weltlichen Bereich getrennten, 50 Quadratkilometer großen Bezirk von Klöstern und Tempeln, deren Zentrum eine Dagoba (dathu = Reliquie, gabhu = Kammer; in Indien: Stupa) war. Ursprünglich war die Dagoba ein Grabhügel über einer Reliquie Buddhas oder eines heiligen Mönches, später ein massives Gebäude ohne Innenraum, eine Kuppel in Glocken-, Blasen-, Reishaufen- oder Topfform. Sie symbolisiert das Weltei, an dessen Spitze die Weltachse herausragt. In der Mitte eines Vorbaues befindet sich eine Reliquienkammer sowie davor drei Umlaufterrassen für Blumenopfer.

In der weiß gekalkten, 110 Meter hohen Ruvanweli-Seya-Dagoba (fertiggestellt 137 v. Chr.) ist, der Legende nach, ein silberner, heiliger Bodhi-Baum mit goldenen Früchten eingemauert. Der Basisumgang von 283 Metern wird von 344 steinernen (heute restaurierten und ergänzten) Steinelefanten flankiert. Die Spitze krönt ein 60 Zentimeter großer Bergkristall.

Der älteste Sakralbau der Insel ist die Thuparama Dagoba mit einem Durchmesser von 18 Metern; sie wurde zuletzt 1862 restauriert. In ihr soll sich, der Legende nach, ein Splitter des Schlüsselbeines von Buddha befinden, der von König Ashoka von Indien übersandt wurde. Von der, aus dem 7. Jahrhundert stammenden, hölzernen Überdachung stehen heute nur mehr die granitenen, achteckigen Tragsäulen mit ihren Kapitellen.

Mit einer einstigen Höhe von 122 Metern und einem Umfang von 113 Metern war die heute mit Pflanzen dicht überwucherte Jetavanarama die größte Dagoba der Welt. 1820 entdeckte Ralph Bachhaus, ein junger Beamter der britischen Kolonialverwaltung, neben Kuppeln, Säulen und Skulpturen, im Dschungel die Jetavana (einst höher als die Pyramiden von Giseh), die bereits 40 Meter im Morast eingesunken war. Sie war im 3. Jahrhundert als Mittelpunkt einer Klosteranlage von König Mahasena gestiftet worden. Es war zur Zeit der religiösen Auseinandersetzungen zwischen den Anhängern des Theravada- und Mahayana-Buddhismus. Der König überließ die Anlage den Mahayana-Mönchen, weshalb die Würdenträger des Theravada für neun Jahre Anuradhapura verließen.

Im Maha-Vira, dem Klosterbezirk, steht – am heiligsten Ort Sri Lankas – der älteste dokumentierte Bodhi- oder Heilige Feigenbaum (*Ficus religiosa*), der ein Ableger jenes Baumes in Indien sein soll, unter dem Buddha seine Erleuchtung hatte. König Ashoka sandte um 250 v. Chr. einen Zweig mit seiner Tochter, der Nonne Sanghamitta, zu König Devanampiya Tissa. Zwischen dem 3. und 4. Jahrhundert n. Chr. wurde der damals bereits mächtige Baum mit einer Steinterrasse versehen. Die Äste des alten Baumes mit zahlreichen Ablegern werden von eisernen Stangen gestützt und sind mit den bunten Gebetswimpeln der Pilger behangen.

Im weltlichen Zentrum stand einst die Zitadelle, weiters finden sich noch Reste eines Königspalastes aus dem 11. Jahrhundert. Im Almosenhaus (Mahapali) befindet sich eine acht Meter lange Steinwanne, das „Reisboot", in dem man die Speisen für 6000 (?!) Mönche, die der König bewirtete, aufbewahrte. Nördlich der Zitadelle liegt das „Zwillingsbecken der Mönche" (Kuttam Pokuna) mit den Ausmaßen von 42 mal 17 und 30 mal 17 Meter, bei einer Tiefe von sechs Metern. Auf einer Stele „beschützt" die mehrköpfige Kobra (Nagaraya) das Wasser.

Ein Meisterwerk der Bildhauerkunst ist ein „Samadhu", der meditierende Buddha, aus dem 5. Jahrhundert. Gewaltige Granitsäulen und eine Wächterstele sind die letzten Zeugen des ehemaligen Versammlungshauses der Mönche, das Mahinda II. im 8. Jahrhundert errichtete. Eine Besonderheit ist ein halbrunder „Mondstein" vor dem Eingang des ehemaligen Mahasena-Palastes. Solche Bodenplastiken finden sich auch stets vor Tempeleingängen. Man muß sie überqueren, um die Gefahren des Lebens zu überwinden, bevor man zu den ewigen Wahrheiten Buddhas gelangt. Außen verläuft ein konzentrisches Flammenband, das Symbol der Leidenschaften. Nach innen schließen Bänder mit Tierreihen an, wobei der Elefant die Geburt, der Löwe die Krankheit, der Stier das Altern und das Pferd den Tod symbolisieren. Ein Ring mit Pflanzenranken deutet auf die Verflechtungen des Lebens, Gänse mit ihren Flügeln auf erlangte Freiheit, und die erhobene Lotosblüte in der Mitte ist das Zeichen der Reinheit, des Nirwanas.

In Anuradhapura gibt es keine Überreste der weltlichen Wohnbezirke, da die niedrigen, strohgedeckten Lehmhäuser der „niederen" Bevölkerung, wie sie noch der englische Seemann Robert Knox in seinem Reisebericht über Sri Lanka im 17. Jahrhundert schilderte, wieder zu ihrem formlosen Ursprung zurückkehrten.

Die stetigen Einfälle der südindischen Tamilen führten nicht nur, wie schon erwähnt, zur Zerstörung der alten Hauptstadt, seiner buddhistischen Mönchskultur, sondern auch zum Verfall der Bewässerungsanlagen.

Polonnaruwa, die neue Hauptstadt im Zentrum der Insel, gab König Vijaya Bahu (1055–1110) die Möglichkeit, sowohl Rebellen im Süden als auch Invasoren aus Südindien leichter zu bekämpfen. In Polonnaruwa entstanden neue buddhistische Bauten und Bewässerungsanlagen. Allerdings brachen nach seinem Tod neue Bürgerkriege aus, die erst mit einem Sieg von König Parakrama Bahu I., genannt „der Große" (1153–1186), endeten. Unter seiner Herrschaft entstanden neue Paläste, Klöster mit Tempeln und eindrucksvollen Steinskulpturen sowie Bewässerungsteiche mit Kanälen. Seine vier Herrscherprinzipien waren „Glück des Volkes, Stabilität des Buddhismus, Schutz des königstreuen Adels und Unterstützung der Armen".

Die zweihundertjährige Geschichte von Polonnaruwa mit nur zwölf Königen ist an zahlreichen Bauwerken auch heute noch erkennbar. Während König Nissanka Malla, der Nachfolger von Parakrama, weitere Bauten errichten ließ, kam es unter den folgenden, schwachen Königen zu einem allmählichen Niedergang, bis zwischen 1235 und 1505 die Residenzen in südlichere Regionen nach Dambadeniya im Westen, Yapahuwa, Kurunegala, Gampola im Zentrum und schließlich nach Kotte verlegt wurden. Diese Umsiedlung war die Folge des Überfalls eines indischen Kalinga-Fürsten, der durch seine Terrorherrschaft die Bevölkerung vertrieb. Die Tempel zerfielen, die Wasserreservoire trockneten aus, und der Trockendschungel überwucherte die Hauptstadt Polonnaruwa ...

Im Norden entstand das tamilische Königreich Eelam, und im zentralen Bergband ein separates, singhalesisches Königreich mit der Hauptstadt Kandy. König Parakrama

Bahu VI. (1412–1467) war der letzte Gesamtherrscher der Insel mit seinem Sitz in Kotte. Er unterstützte die Mönche, was ihm den Beinamen „Bodhisatavatara" („ein Mensch auf dem Weg, ein Buddha zu werden") eintrug.

Erst im 19. Jahrhundert wurden die Überreste von Polonnaruwa nach umfangreichen Rodungen wiederentdeckt. Zu Beginn des 20. Jahrhunderts setzten Ausgrabungen und Restaurierungen ein, bis 1935 die Ruinenstadt als „Museum im Freien" für die Allgemeinheit zugänglich gemacht wurde. Die eigentliche, frühere Stadt, Wohnstätte für zirka 100.000 Menschen, war ehemals durch eine Stadtmauer geschützt, eine weitere Mauer umgab den Wohnbezirk des Königs, wo sich heute noch Reste des Palastes von Parakrama Bahu I. befinden, einem Backsteinbau, der einst sieben Stockwerke mit 100 Zimmern besaß. Auf einem dreistufigen Fundament erhob sich die Ratshalle, geschmückt mit Friesen von Elefanten, Löwen und Gnomen, während den Stiegenaufgang zwei Steinlöwen bewachten. Das königliche Bad bekam sein Wasser durch unterirdische Kanäle aus einem künstlichen See zugeleitet, dem Parakrama Samudra („Meer des Parakrama").

Im nördlichen, erhöht liegenden „heiligen Bezirk" stand das „Haus der acht Reliquien" (Atadage), weiters das „Haus der sechzig Reliquien" (Hatadage) und die „Vatadage", in der einst die Zahnreliquie Buddhas aufbewahrt wurde (heute in Kandy). Diese Dagoba war ehemals überdacht und ruht auf zwei runden Plattformen, wobei die Zugänge, neben Wächterstelen, über Mondsteine hinaufführen. Diese „schönsten Fußmatten der Welt" sind Schwellensteine, die ein faszinierendes Beispiel der damaligen Steinmetzkunst darstellen. Auf der obersten Plattform blicken vier Steinstatuen des meditierenden Buddha in die vier Himmelsrichtungen. Aus dem 12. Jahrhundert stammt, als einziges Objekt mit erhaltenem Dach, das Backsteinhaus des „Buddha-Bildnisses". Die aufragenden Mauern schließen oben als Kuppel. Am sogenannten „Steinbuch" (Galpata), einem Granit-Monolith von 15 Tonnen in Form von Palmblättern, ist eine Hymne auf König Nissanka Malla eingraviert. Ein Steinzaun umgibt den Lotosaltar, bei dem früher die Zahnreliquie Buddhas verehrt wurde. Aus der Zeit des tamilischen Chola-Herrschers Rajaraja I. (im 11. Jahrhundert) stammt der Rest eines Hindutempels.

Eine gepflasterte Straße aus dem 12. Jahrhundert führt vorbei an der Menik-Dagoba mit Friesen aus Terrakotta zur 50 Meter hohen, restaurierten Dagoba des „Goldenen Sandes" (Ruvanweli), deren Reliquienschrein mit steinernen Lotosblüten geschmückt wurde. Das Kloster „beim Verbrennungsplatz" (Alahana Pirivena) wurde von König Parakrama Bahu I. gegründet, aus dessen Zeit auch die „Versammlungshalle der Mönche" (Baddbasima Prasada) stammt, in der die buddhistischen Regeln verkündet wurden. Das steinerne „Juwel Lankas" (Lankatilaka) war das 50 Meter lange und 30 Meter hohe Tonnengewölbe des sogenannten Statuenhauses, in dessen Ruinen sich heute nur der Torso einer Buddhastatue befindet, die bis 13 Meter hoch gewesen sein soll. Die leuchtend weiße, 24 Meter hohe Kiri-Vihara-Dagoba ist durch ihre Restaurierung noch gut erhalten.

Der Höhepunkt der Bildhauerkunst von Sri Lanka zeigt sich beim ehemaligen Felsentempel von Gil-Vihara, der früher (12. Jahrhundert) überdacht, aber heute, umgeben von einer parkartigen Landschaft, freiliegend seine vier imposanten Granitstatuen präsentiert: Der liegende, 14 Meter lange, sterbende Buddha wurde vor 800 Jahren aus dem anstehenden Granitfelsen gemeißelt. Der Kopf mit losgelösten, ruhigen Gesichtszügen ruht auf einem Kissen, der Faltenwurf des Gewandes liegt, fast schwebend, am Untergrund, und seine leicht verschobenen Füße deuten auf den Weg ins Nirwana. Die ausgemeißelten Lotosblüten auf den Fußsohlen sind ein Symbol des Buddhathrones und der Reinheit des Lebens, die Voraussetzung, um ins Nirwana zu gelangen. An seinem Kopfende ragt eine sieben Meter hohe, stehende Figur empor, mit vergeistigten Zügen, die eine tiefe Weisheit und Entspannung ausdrücken. Es gibt einen

Expertenstreit, ob es sich um Buddha selbst oder um seinen, um den Meister trauernden Schüler Ananda handelt, der beim Tod Buddhas zugegen war. In anderen Darstellungen steht er allerdings immer zu Füßen des sterbenden Buddha. In einer Felsnische daneben befindet sich ein eineinhalb Meter hoher, sitzender, meditierender Buddha, der von den Hindugöttern Vischnu und Brahma umgeben ist, was auf südindischen Einfluß hinweist. Den Abschluß bildet ein fünf Meter hoher Buddha mit einem Heiligenschein; er sitzt in meditierender Haltung auf einem Lotosthron, umgeben von Löwen und Blitzen.

Zur gleichen Zeit entstand neben der vierterrassigen Anlage des Potgul-Vihra Klosters eine überlebensgroße Granitstatue, die vermutlich König Parakrama Bahu I. darstellt, der ein Palmblattbuch in seinen Händen hält und dessen Blick auf den großen Stausee gerichtet ist, der die umliegenden Felder mit Wasser versorgt. In Form einer achtblättrigen Lotosblüte wurde das Wasserbecken des Lotosbades angelegt, das einen Durchmesser von über sieben Metern hat und mit dem Wasser des Stausees im Palastbezirk von Missanka Mallas gefüllt wurde. Beim Mausoleum errichtete man in der Ratshalle den Löwenthron des Herrschers.

Nach dem Ende der Regierungszeit von König Parakrama Bahu VI. kam es zu einer neuen Ära in der Geschichte von Sri Lanka als 1505 die Portugiesen auf der bereits dreigeteilten Insel landeten. Stürmisches Wetter zwang ihre Karavellen, auf einer Fahrt nach Cochin in Südindien, den Hafen von Colombo anzulaufen. Obwohl sie nicht die ersten Ausländer waren, die auf die Insel, damals Taprobane genannt, kamen, erregte doch die Art der kanonenbestückten Schiffe sowie der mit Helmen und Brustpanzern bekleideten Marinesoldaten, die „Steine" (Brot) aßen und „Blut" (Rotwein) tranken, beträchtliches Aufsehen. König Parakrama Bahu VIII. lud sie in seine Residenz in Kotte ein, wo er die Portugiesen um ihre Hilfe gegen die Intriganten an seinem Hof und die wachsende Macht der arabischen Händler bat. Als Gegenleistung bot er eine Sendung von

Zimt an, damals das begehrteste und teuerste Gewürz. 1518 kamen die Portugiesen, von ihrem Stützpunkt Goa in Südwestindien, erneut auf die Insel, wobei der Empfang weniger freundlich war. Sie nützten das politische Chaos gegeneinander intrigierender Königssprosse und waren bestrebt, ohne Rücksicht auf die bestehende Kultur, das Rechts- und Verwaltungssystem, soviel wie möglich an Profit für ihr Land herauszuholen. So berichtet Garcia da Orta 1536, daß der Ceylon-Zimt vierzigmal teurer als Javazimt sei. Die Portugiesen versprachen dem Inselherrscher gegen einen jährlichen Tribut von 125.000 Kilogramm Zimt den Schutz der Krone Portugals. Bei der Aufbringung des Tributs kam es allerdings zu Brandschatzungen und Folterungen, während andererseits franziskanische Missionare versuchten, die „Heiden" zur christlichen Religion zu bekehren.

1541 sandte der singhalesische Herrscher dem portugiesischen König Johann III. eine Silberstatue seines Enkels und Erben Dharmapala mit der Bitte, sie zu krönen. Zehn Jahre später fiel der singhalesische König einem Attentat zum Opfer.

Da die Taufe durch die Franziskanermönche, vor allem den Bewohnern der Küstenregionen, gewisse steuerliche Vorteile und den Schutz vor plündernden portugiesischen Soldaten bot, kam es schnell zu einer Christianisierung dieser Gebiete. Noch heute sind fast alle Küstenfischer und viele Familien in Colombo katholische Christen und tragen portugiesische Namen, wie z. B. da Silva, Costa, Fernando, Fonseka usw. 1557 wurde König Dharmapala, von Franziskanern erzogen, getauft und führte fortan den Vornamen Dom Juan. Er war allerdings nur eine Marionette der Kolonialherren, die 1565 seine Residenz in Kotte zerstörten, den König nach Colombo brachten, wo er seinen Thron symbolisch dem portugiesischen König Dom Henrique überließ. Die portugiesischen Invasoren betrieben an der Küste mit Zimt, Pfeffer, tropischen Früchten, Kokos, aber auch mit Edelsteinen und Elefanten einen regen Handel, dessen Ertrag nach Lissabon floß. Vor allem errichteten sie ein Zimtmonopol, und jedes Mitglied der Zimtschälerkaste mußte jährlich 500 Kilogramm Zimtrindenringe abliefern. Korporal Johann Jacob Saar schildert in seinem Buch „Reise nach der großen, herrlichen Insel Ceilan" unter anderem eine Zimternte sowie die verlustreichen Kämpfe zwischen Portugiesen und Singhalesen.

1580 bestieg nach der Eroberung von Kandy im Hochland ein illegitimer Königsspröß als Rajasinha I. den singhalesischen Thron und begann einen Guerillakrieg gegen die Portugiesen, die er bei Nahkämpfen in der Schlacht von Mulleriyawa bei Colombo besiegen konnte. Er belagerte anschließend mit 50.000 Kämpfern die Festung von Colombo. Aber einem portugiesischen Entsatzheer, verstärkt durch singhalesische Gegner von Rajasinha, gelang es, die Belagerung aufzuheben, und Rajasinha zog sich nach Kandy zurück.

Schließlich kam Pedro Lopez de Souza als General-Conquistador nach Colombo und zog mit seinem Heer nach Kandy, das er zwar kurzfristig eroberte, aber mit seinen Truppen bald, infolge von Nahrungsmangel und tropischer Krankheiten, den Rückzug zur Küste antreten mußte. Dabei wurden die bereits stark geschwächten Portugiesen bei Gannoruwa von singhalesischen Guerillas eingekreist und überwältigt.

Der Widerstand der Einheimischen wuchs. 1630 vernichteten sie das Heer des portugiesischen Generals Constantine de Saas bei Wellawaya im Bergland von Uva, und 1631 wurde die Armee des Generals Diego Melo de Castro bei Gannoruwa besiegt.

Bereits 1602 besuchten die holländischen Admiräle van Spillbergen und van de Weert die Insel. Allerdings trübte ein Zwischenfall mit letzterem die neue „Freundschaft". Als der König Wimela Darma nach einem Festessen für den Admiral von der Küste zu seiner Frau nach Kandy zurückkehren wollte, beleidigte ihn der betrunkene Holländer, der daraufhin mit seinen Begleitern von den Singhalesen erschlagen wurde.

Admiral Boschouwer kam 1612 und unterzeichnete einen Vertrag mit König Senerat in Kandy. Daraufhin vereitelten die „eifersüchtigen" Portugiesen seinen Versuch, in Kottiyar ein holländisches Fort zu errichten. Nach einem dreijährigen Aufenthalt als Gast des Königs in Kandy kehrte Boschouwer nach Holland zurück. Da seine Versuche, dort ein Heer zu rekrutieren, mißlangen, ging er nach Dänemark, wo er die Dänische Ost-Indien Gesellschaft gründete. Er segelte mit fünf Schiffen in den Indischen Ozean, starb aber auf hoher See, bevor er die Insel erreichte. Trotz anfänglichem Mißtrauens des Königs erlaubte er den angekommenen Dänen, ein Fort zu bauen. Da ihnen aber Menschen und weitere Mittel fehlten, mißlang der Versuch, eine dänische Kolonie auf Sri Lanka zu gründen.

1636 schloß König Rajasinha II. mit dem holländischen General Coster ein Abkommen, in dem er die Holländer bat, die Portugiesen zu vertreiben, wofür er ihnen Handelsrechte überließ. Nach Kämpfen zwischen den beiden Kolonialmächten in Trincomalee und Galle schlossen die Holländer mit den abziehenden Portugiesen vorerst einen Waffenstillstand. Dabei änderten sie den portugiesischen Namen Cilao auf Ceilan. Trotzdem setzten die Holländer ihren Eroberungsfeldzug fort, und 1656 fiel auch Colombo unter ihre Herrschaft. Ihr Auftraggeber war aber nicht, wie bei den Portugiesen, ein König, sondern ein Handelsunternehmen, die „Vereenigte Oost-Indische Compagnie (VOC)". Die Holländer fühlten sich aber nicht an den Vertrag mit König Rajasinha II. gebunden und behielten die von den Portugiesen „befreiten" Gebiete nun unter ihrer Herrschaft. Sie begannen nach Landvermessungen mit dem Anlegen von Plantagen (Zimt, Kaffee, Zuckerrohr, Tabak, Kokos, Reis), erneuerten die alten Bewässerungssysteme und bauten Kanäle für den Warentransport zur Küste.

Ihre Verwaltung führte das römisch-holländische Recht ein, das später, etwas verändert, die Briten übernahmen und das in seinen Grundzügen auch im heutigen Sri Lanka noch gültig ist. Allerdings gelang es auch den Holländern nicht, den Sitz des Königs in Kandy zu erobern.

Die dritte europäische Macht, die bis in unser Jahrhundert die Insel beherrschte, war Großbritannien. Vorerst waren es strategische Erwägungen um die Vormachtstellung im Indischen Ozean, welche die Briten bewegten, um 1795 von Madras (in Südostindien) aus den Hafen von Trincomalee zu besetzen. Nachdem sich die britische „East Indian Company“ festgesetzt hatte, übernahm 1784 die britische Regierung im „Indian Act“ die Verantwortung für die Verwaltung der von den Engländern besetzten Gebiete von Ceylon, die am 1. Jänner 1802 zur „Kronkolonie“ erklärt wurden.

In Kandy wurde Sri Vikrama Rajasinha als letzter singhalesischer König eingesetzt, der von 1798 bis 1815 „regierte“. Der damalige britische Gouverneur, Sir Frederic North, versuchte, mit Hilfe des Hofverwalters Pilima Talauva, das singhalesische „Rest-Königreich“ in ein britisches Protektorat umzuwandeln. Aber Talauva war ein Doppelagent, und er organisierte eine Guerillataktik gegen den Versuch der Engländer, in Kandy eine Garnison zu stationieren. Als Captain Johnston mit seinen Soldaten in Kandy einmarschierte, fand er eine verlassene Stadt, und wie zuvor bei den Portugiesen zwangen ihn Nahrungsmangel und Tropenkrankheiten unter seiner Mannschaft wieder zur Umkehr. Erst 1815 gelang es Gouverneur Brownrigg, Kandy endgültig zu erobern und König Vikrama Rajasinha bei Medamaharuwara in Gefangenschaft zu nehmen, womit das singhalesische „Rest-Königreich“ endgültig sein Ende fand. Die Briten begannen mit dem Bau einer Straße von Colombo nach Kandy. Damit setzte die Erschließung des Hochlandes durch die Kolonialmacht ein.

Am 17. Oktober 1847 kam die österreichische Weltreisende Ida Pfeiffer (1797–1858) auf ihrer ersten Weltumsegelung von Singapur nach Sri Lanka. Sie ging im Hafen von Pointe de Galle an Land, reiste nach Colombo weiter und besuchte auch Kandy. Sie schildert in ihren Berichten die mühsame Fahrt ins Hochland, wo sie den berühmten botanischen Garten von Peradeniya und den Tempel mit der Zahnreliquie Buddhas besuchte. Ein Spaziergang führte sie über Reisterrassen ins Tal des Mahaveli-Flusses, wobei sie das, damals noch reich bewaldete, Urwaldgebirge und die „romantischen“ Granitfelskolosse bewunderte. Leider fehlte ihr die Zeit, um den heiligen Berg Sri Lankas, den Adams Peak, zu besteigen. Am 29. Oktober 1847 verließ sie wieder die Insel, um mit einem Postschiff nach Madras weiterzureisen.

Die im Hochland eingewanderten britischen Pflanzer begannen zu roden und neben Zimt, Kakao, Pfeffer vor allem Kaffee-Plantagen anzulegen, in denen von Südindien angeworbene Tamilen als Arbeiter eingesetzt wurden. Um die Jahrhundertwende zerstörte der Rostpilz *Hemileia vastatrix* die Kaffeekulturen, aber der rasche Umstieg auf den Anbau von Tee bescherte den Plantagenbesitzern einen neuen Reichtum. Bereits 1867 hatte der Schotte James Taylor mit Hybridensträuchern von Kalkutta Erfolge im Teeanbau bei Kandy. In den folgenden Jahrzehnten wurde Sri Lanka, neben Indien, zum größten Tee-Exporteur. Heute erntet man jährlich mehr als 225 Millionen Tonnen Tee, und etwa 30 Prozent der Einwohner sind bei der Teeproduktion beschäftigt. Eine weitere Einnahmequelle bilden die Kautschuk-Plantagen im Hügelland. Wie bereits erwähnt, brachten die Briten über hunderttausend südindische Tamilen ins Bergland, wobei deren Frauen als Teepflückerinnen arbeiten, während die Männer in den Teefabriken und Kautschuk-Plantagen tätig sind. Neben den alteingesessenen Tamilen im Norden und Osten der Insel bilden sie eine bedeutende Minorität, die während der britischen Kolonialherrschaft nach der Devise „divide and rule“ gefördert wurde.

Die Briten übernahmen das holländische Verwaltungssystem und machten Colombo als Hauptstadt zum Mittelpunkt ihrer Herrschaft. Die ehemalige singhalesische Feudalwirtschaft wurde in eine kapitalistische Gesellschaft umgewandelt. Der steigende Wohlstand der Ober- und Mittelschicht (in Colombo vor allem der sogenannten „Burghers“, Nachkommen der Portugiesen und Holländer) führte zum Ausbau des Schulwesens. Neben der englischen „Public School“ wurden auch höhere Schulen eingerichtet, und bereits 1835 erfolgte die Gründung des „Royal College“ in

Colombo, später der Universität in Kandy; weitere folgten in Colombo, Kelaniya und Jaffna. Viele Kinder der „Oberschichte“ kamen in englische Universitäten und nahmen den britischen „Style of Live“ an.

Am 8. Februar 1858 ging im Hafen von Point de Galle, der im 19. Jahrhundert der Knotenpunkt der Schiffslinien nach Indien, China und Australien war, die österreichische Forschungs-Fregatte „Novara“, die auf Weltumsegelung war, vor Anker. Der Reisechronist Dr. Karl von Scherzer erzählt in seinem Reisebericht von den reinlichen Straßen in der von den Portugiesen im 16. Jahrhundert und später von den Holländern und Briten ausgebauten Stadt Galle. Er erwähnt die ebenerdigen Wohnhäuser mit ihren luftigen Verandas und den „Punkhas“, den pendelartig schwingenden Windfächern an den Zimmerdecken. Die besondere Aufmerksamkeit erregten die an den Wänden herumhuschenden Nacktfinger- und Halbfingergeckos (*Gymnodactylus triedrus* und *Hemidactylus leschenaulti*), die nach Moskitos jagten. Dr. Scherzer schreibt weiter, „wer das Leben und Treiben des Volkes näher kennenlernen will, muß die singhalesischen Viertel durchstreifen, wo er neben Fruchthändlern auch Gaukler und Schlangenbeschwörer treffen kann …“ Er beschreibt den Körperbau der Singhalesen und schaudert über das ständige Betelkauen der Einheimischen (Blätter des Betelpfefferstrauches *Piper betle*, Nüsse der Arecapalme *Areca catechu* vermischt mit Muschelkalk). Es wirkt stimulierend, aber der Speichel und damit die Zähne verfärben sich rot. Dagegen bewundert Scherzer die Schriftzeichen, die auf den Blättern der Talipotpalme mit einer Art Tusche fixiert werden.

Die Österreicher besuchten auch buddhistische Tempel und trafen auf die gelbgewandeten, kahlgeschorenen Mönche. Scherzer erwähnt auch die hinduistischen Tamilen und muslimischen Moors (Nachkommen arabischer Händler) sowie die Weddas, die Ureinwohner, die im Inneren der Inselwälder hausen. Mit einer Postkutsche, der sogenannten „Royal Mail coach“, erreichen die Expeditionsteilnehmer Colombo. Sie sind erstaunt über die zahllosen Menschen, die stets die durch Palmgärten führende Straße beiderseits bevölkern. Die Bekanntschaft mit dem Curry-Gewürz in den scharfen Speisen in den Post-Stationen machte den Österreichern anfänglich Schwierigkeiten.

In Colombo, das damals noch nicht die Bedeutung wie Galle hatte, konnte Scherzer die Vorbereitungen und die Durchführung des Perlausternfanges durch einheimische Freitaucher beobachten. Er berichtet, daß jeder Taucher im Laufe eines Tages tausend bis viertausend (!) Austern heraufbringt. Scherzer erwähnt auch den Reichtum der Insel an Edelsteinen (Rubine, Saphire, Topase, Amethyste usw.), obwohl ihm die verlangten Preise als zu hoch erschienen. In Colombo erwarb die Expedition, neben anderen Manuskripten, auch eine Kopie des singhalesischen Epos Mahawansa, die heute zu den Prunkstücken der Österreichischen Nationalbibliothek zählt.

Während die „Novara“ wieder absegelte, bestiegen die Naturwissenschafter Dr. Ferdinand Hochstetter (der spätere erste Direktor des Naturhistorischen Museums in Wien) und Dr. Frauenfeld im Hochland den Adams Peak, wo sie auch die berühmte, eineinhalb Meter lange Felsausbuchtung sahen, die, je nach Religion, als Fußabdruck Buddhas, Schiwas oder Vishnus oder Adams gedeutet wird. Anschließend stellten sie erdkundliche Vermessungen an und fuhren nach Abschluß dieser Studien wieder nach Galle, um mit einem Postschiff nach Madras zu reisen, wo sie die „Novara“ erreichten.

1865 begann der Ausbau des Eisenbahnnetzes, und mit der Eröffnung des Suezkanals verkürzte sich der Schiffahrtsweg zwischen England und Sri Lanka erheblich. Mit dem Ende des Ersten Weltkrieges, an dem auch ceylonesische Soldaten in britischen Diensten teilnahmen, regte sich unter den Singhalesen wieder der Gedanke an eine Unabhängigkeit. Es kam zur Bildung von politischen Parteien, aber erst 1927 zum Wahlrecht für die Inselbewohner, wobei sie mehr frei gewählte Singhalesen für die höheren Ämter des öffentlichen Dienstes forderten.

Zwischen dem 26. und 30. August 1928 nahm die Limnologische Sunda-Expedition (unter der Leitung von Prof. Dr. Franz Ruttner, Biologische Station Lunz am See, und Prof. Dr. August Thienemann, Biologische Station Plön) auf der Seereise nach Indonesien einen kurzen Aufenthalt in Sri Lanka. Sie fuhren (wie 1847 Ida Pfeiffer und 1858 die Teilnehmer der Novara-Expedition) von Colombo nach Kandy. Bei einer kurzen Rast neben einem Gebirgsbach fanden sie am Ufer neben Süßwasserkrabben und schwimmenden Heuschrecken verschiedene Bachinsekten.

Im Zweiten Weltkrieg versuchte Japan vergeblich, über Hinterindien (Burma) nach Britisch Indien zu gelangen, wobei Sri Lanka und die Andamanen im Golf von Bengalen als „Sprungbretter" gedacht waren. Am 5. April 1942 erfolgte der erste Luftangriff auf Colombo. Lord Mountbatten übernahm das Kommando der alliierten Südostasien-Streitkräfte mit Sitz in Peradeniya. Sri Lanka wurde ein wichtiger Etappen-Stützpunkt und zum Lieferanten für Gummi und Graphit. Bereits im Dezember 1944 besprach eine Kommission unter Lord Soulburg mit dem singhalesischen Leiter des „State Council" die Möglichkeit einer Unabhängigkeit, die nach Kriegsende im Dezember 1947 im „Ceylon Independence Act" dem britischen Parlament empfohlen wurde. Am 4. Februar 1948 erfolgte die formelle Unabhängigkeitserklärung als Dominion im British Commonwealth.

In den ersten acht Jahren regierte die konservative Vereinigte Nationalpartei, wobei sich gegenüber der vorangegangenen Kolonialzeit nur wenig änderte. 1956 gelangte der singhalesische Nationalist und Sozialist Solomon Bandanaraike durch einen fulminanten Wahlsieg an die Regierungsspitze. Damit begann die Bevorzugung der singhalesischen Mehrheit und die Entfernung der tamilischen Minderheit aus den höheren Staatsämtern. Unter der Parole „Ein Volk, eine Kultur, eine Sprache" wurden die Singhalesen zum einzigen beherrschenden Staatsvolk. Die von den Engländern im vorigen Jahrhundert aus Indien angeworbenen hinduistischen Tamilen bzw. deren Nachkommen verloren ihre Staatsbürgerrechte, aber auch die seit Jahrhunderten im trockenen Norden und Osten lebenden „Alt-Tamilen" wurden benachteiligt. Es kam zu einem buddhistisch-sozialistischen Bündnis, und unter der intellektuellen Jugend kursierte das verwirrende Schlagwort „Gautama Buddha und Karl Marx sind Brüder" (!). Allerdings verlor Bandanaraike bald das Vertrauen des buddhistischen Klerus, als er die Interessen der reichen Klöster mit großem Grundbesitz zu beschneiden begann. Er starb nach einem Attentat eines verkleideten buddhistischen Mönches, und seine Witwe, Sirimavo Bandanaraike, wurde die Nachfolgerin an der Regierungsspitze. Sie war den buddhistischen Mönchen treu ergeben, folgte astrologischen Ratschlägen und hielt ihre Aufrufe an das Volk immer „unter Tränen"! Als es zu Beginn der siebziger Jahre zu einem blutigen Aufstand von Jugendlichen kam (die angeblich von nordkoreanischen Agenten geschult worden waren), bat Frau Bandanaraike im Rundfunk „tränenerstickt" die Eltern, ihre Kinder nicht auf die Straße zu lassen.

Der nächste Präsident, der Pragmatiker Junius Richard Jayawardane, vertrat zwar auch vor allem buddhistisch-singhalesische Interessen, suchte aber daneben die Verständigung mit den Tamilen. Seine Bemühungen wurden sowohl durch singhalesische als auch tamilische Extremisten erschwert, die ständig Guerilla-Aktionen unternahmen. Am 22. Mai 1972 erhielt die Insel den alten Sanskrit-Namen „Sri Lanka" und führte den buddhistischen Mondkalender ein, bei dem die Zahl der Wochentage unterschiedlich ist. Der freie Wochentag (früher: Sonntag) heißt Poya-Tag, der Tag davor Präpoya-Tag. Diese Wocheneinteilung erwies sich in der Folge als Katastrophe für Handel und Wirtschaft, und die westliche Wocheneinteilung mußte wieder eingeführt werden. Auch die Bezeichnung „Ceylon-Tee" für das wichtigste Exportprodukt des Landes mußte beibehalten werden, da sie ein weltweit bekannter Markenname ist.

1982 wurde der Regierungssitz von Colombo ins nahegelegene Jayawardanapura, der ehemaligen Königsresidenz

Kotte, verlegt. Im Juli 1983 kam es nach einem Attentat tamilischer Terroristen zu einer blutigen Verfolgung der Tamilen in allen Teilen der Insel, vor allem in Colombo. Zehntausende Tamilen aus dem Süden flüchteten zu ihren Glaubensgenossen im Norden, in die Region um Jaffna. Hier bildete sich der militärische Arm der Vereinigten Befreiungsfront der Tamilen (TULF), die Terrorgruppe der Tamil-Tigers (LTTE), die einen eigenen Staat, Eelam („Heimat"), erzwingen wollen. Autonomie im Rahmen einer Föderation Sri Lanka lehnen die radikalen Tamilen ab.

Ab 1987 übernahm die Befreiungsfront sogar die staatliche Gewalt in Jaffna. Die „Tiger" begannen mit Angriffen auf singhalesische Dörfer im Osten, worauf die Regierung Stützpunkte in Jaffna bombardieren ließ. 1987 kam es zu einem Vertrag zwischen Präsident Jayawardane und dem indischen Ministerpräsidenten Rajiv Gandhi über eine Autonomie der Tamilen und die Zulassung ihrer Sprache. Die indische Armee marschierte zur Befriedung in Nord-Sri Lanka ein, geriet aber zwischen die Lager rivalisierender tamilischer Gruppen, aber auch der Singhalesen. Nach den erfolglosen, zum Teil verlustreichen Befriedungsversuchen zogen die Inder wieder ab, und extreme Tamilen töteten durch ein Selbstmord-Attentat Rajiv Gandhi während einer Wahlreise in Südindien. Bei der Planung des Anschlages hatte die LTTE den Fotografen Haribabu aus Madras beauftragt, das Attentat am 21. Mai 1991 zu fotografieren. Er knipste die Selbstmordattentäterin Dhanu knapp bevor sie Rajiv Gandhi mit einem Blumenkranz schmückte und gleichzeitig die Bombe an ihrem Körper zündete. Obwohl der Fotograf bei dem Attentat ums Leben kam, blieb der belichtete Film erhalten und wurde als Beweismittel in einem Prozeß (der übrigens sechs Jahre dauerte!) in Madras gegen die übrigen Attentäter verwendet. Die 26 Angeklagten wurden zum Tod verurteilt, nur der Hauptangeklagte und Urheber des Attentats, Vellupillai Prabhakaran, seit zwanzig Jahren Chef der LTTE, entging der Bestrafung, da er sich im Nordosten von Sri Lanka im Dschungel versteckt hatte.

Die LTTE setzte im Norden und Osten ihre Überfälle auf wehrlose Dorfbewohner fort und rekrutierte sogar Kinder für ihre Zwecke. Bis 1993 forderte der Bürgerkrieg bereits über 50.000 Tote (!), und die Militärausgaben der Regierung stiegen von 1980 bis 1993 von 18 Millionen auf 235 Millionen (!) US-Dollar. Im Mai 1993 erfolgte nach einem Terroranschlag in Colombo die Ermordung von Präsident Premadesa und von Oppositionsführer Athulathmudali. Im Wahljahr 1994 gelangte die Tochter des früheren Premierministers Bandanaraike, Chandrika Kumaratunga von der Opposition, an die Spitze des Staates.

Am 20. Oktober 1995 setzten Terroristen bei Colombo mehrere Tanks eines Erdöllagers in Brand und überfielen am nächsten Tag drei singhalesische Dörfer im Osten, wobei 67 Menschen, meist Frauen und Kinder, den Tod fanden. Über Colombo wurde eine Ausgangssperre verhängt, und die Armee begann ihre große Offensive gegen die LTTE. Sie eroberte am 29. Oktober 1995 die strategische Stadt Neerveli und am 5. Dezember 1995 Jaffna, den fast menschenleeren Hauptsitz der Rebellen. Trotzdem kontrollierten die Separatisten, die sich immer wieder in den Dschungel zurückzogen, weiterhin große Teile des Nordens und Ostens der Insel. Am 6. Dezember 1995 bot Präsidentin Kumaratunga eine Amnestie unter der Bedingung an, daß die tamilischen Rebellen ihre Waffen niederlegen. Sie unterbreitete dem Parlament einen neuen Autonomieplan mit weitreichenden Vollmachten der Provinzen, aber unter der Auflage, daß die Zentralregierung unter bestimmten Voraussetzungen eine Regionalregierung absetzen kann. Die Tamilenparteien lehnten diese Klausel sofort ab, und die oppositionelle, singhalesische, konservative United National Party wies im Juli 1996 diesen Friedensplan zurück. Bei einem Bombenanschlag auf die Zentralbank in Colombo am 31. Jänner 1996 kamen wieder 80 Menschen ums Leben, 1200 wurden verletzt, und die Präsidentin verhängte am 8. April 1996 über die ganze Insel den Ausnahmezustand. In Absenz wurde der Anführer der LTTE, Prabhakaran, für den Anschlag für schuldig befunden. Die Präsidentin Chandrika Kumaratunga erklärte die LTTE zu einer terroristischen Organisation, belegte sie mit einem Verbot und beendete jegliche Verhandlungen.

Am 24. Juli 1996 erfolgte ein Bombenanschlag auf einen Zug in einem Vorort von Colombo, bei dem 78 Todesopfer und 450 Verletzte zu beklagen waren. Beide Male vermutete die Regierung, daß die LTTE für die Anschläge verantwortlich sei, diese wies aber die Anschuldigungen zurück. Am 18. Juli 1996 griffen dagegen Tamilen-Rebellen im Nordosten den Militärstützpunkt Mullaitiva an, worauf es zu heftigen Kämpfen kam, bei denen fast 1400 Tote und Vermißte auf der Regierungsseite gemeldet wurden. Die Rebellen zogen sich nach der Eroberung, Zerstörung und Plünderung des Stützpunktes mit schweren Waffen und Beutemunition wieder in ihre Schlupfwinkel zurück. Zwischen dem 26. Juli und dem 21. August 1996 erfolgte eine Gegenoffensive der Armee, am 29 Juli wurde Kilinochchi, das neue Hauptquartier der LTTE, erobert, 200.000 Menschen flüchteten in den Dschungel. Am 14. August 1996 beschuldigte Amnesty International sowohl die Regierung als auch die Rebellen schwerster Menschenrechtsverletzungen.

Unter dem Decknamen „Großer Sieg" wurde die Offensive der Armee 1997 fortgesetzt, wobei die von der LTTE kontrollierte Landverbindung zwischen Jaffna und dem Rest der Insel für die Versorgung der Militärs erobert und gesichert werden sollte. Im September 1997 wurden bei diesen Kämpfen abermals 40 Soldaten getötet und mehr als 200 verwundet. Am 15. Oktober 1997 erfolgte ein neuerlicher Bombenanschlag mit anschließendem Feuergefecht beim World Trade Center im Zentrum von Colombo mit 15 Todesopfern und über 110 Verletzten, darunter 32 Ausländer. Zwei Luxushotels, der Präsidentenpalast und das Verteidigungsministerium wurden beschädigt. Wieder machte die Regierung die LTTE verantwortlich, aber auch diesmal wies ein Sprecher der Rebellen die Anschuldigungen zurück. Am 16. Oktober 1997 durchkämmten hunderte Soldaten Colombo, das einer belagerten Stadt glich. Gleichzeitig wurden etwa tausend Angehörige der tamilischen Minderheit wegen Terrorverdachts verhaftet. Trotzdem versicherte Präsidentin Kumaratunga neuerlich ihre Verhandlungsbereitschaft mit den tamilischen Rebellen.

Anfang Februar 1998 wurden die ersten Wahlen seit 17 Jahren in der Provinz Jaffna angesetzt, aber die Wahllokale blieben weitgehend leer. Trotz der höchsten Sicherheitsvorkehrungen durch die Regierung befürchteten viele Bewohner Anschläge der Rebellen und blieben den Wahllokalen fern. Bei einem gleichzeitigen neuerlichen Angriff der Tamil Eelam-Kämpfer auf die Verteidigungslinie der Armee wurden 300 Rebellen und 20 Soldaten getötet.

Am 4. Februar 1998, dem fünfzigsten Jahrestag von Sri Lanka, waren große Feiern in der alten singhalesischen Hauptstadt Kandy vorgesehen. Mitten in den Vorbereitungen zum „Goldenen Jubiläum" erfolgte ein Selbstmordanschlag der LTTE auf das größte Heiligtum der buddhistischen Singhalesen, auf den Tempel mit der Zahnreliquie Buddhas. Dem Attentat fielen, trotz massiver Sicherheitsmaßnahmen, 400 Menschen zum Opfer. Es war ein arger Rückschlag für Verteidigungsminister Ratwatte, der vorher mit der endgültigen Vernichtung der Rebellen geprahlt hatte. Präsidentin Kumaratunga mußte einen plötzlichen, peinlichen Rückzug für die Feierlichkeiten von Kandy nach Colombo anordnen. Prinz Charles von Großbritannien, der zuerst, nach dem Anschlag in Kandy, seinen Besuch abgesagt hatte, kam dann doch als Ehrengast nach Colombo.

Am 22. Februar 1998 griff ein Selbstmordkommando der LTTE zwei Kanonenboote der Armee an, die als Versorgungsschiffe und mit über 100 Marinesoldaten unterwegs waren. Beim Untergang wurden 50 Soldaten vermißt, 60 Soldaten konnten in Krankenhäuser gebracht werden. 20 Rebellen verloren bei dem Attentat ihr Leben.

Am 4. März 1998 erfolgte im belebten Stadtzentrum von Colombo ein Attentat mit einer Autobombe in einem Minibus, das zahlreiche Opfer forderte und umfangreiche Sachschäden anrichtete. Die Regierung vermutete einen Terroranschlag der LTTE. Bei Angriffen der Armee und der Luftwaffe im Norden wurden am 27. März wiederum 76 tamilische Rebellen getötet.

Bei einer Offensive der Armee von Sri Lanka Anfang Juni 1998 gegen tamilische Rebellen wurden laut Regierungsangaben mehr als 430 Menschen getötet: 208 Regierungssoldaten und 225 „Befreiungstiger".

Anfang Oktober 1998 gestand die Regierung eine Niederlage gegen tamilische Rebellen in der Stadt Kilinochi ein. Die Befreiungstiger übergaben die Leichen von 600 Regierungssoldaten an das Rote Kreuz.

Die offizielle Bezeichnung des Inselstaates, der am 4. Februar 1948 unabhängig wurde, ist „Demokratische Sozialistische Republik Sri Lanka" (singhalesisch: „Sri Lanka Prajatanfrika Samajavadi Janarajaya"). Die Einwohnerzahl der neun Provinzen mit 25 Distrikten beträgt (nach der Zählung von 1995) 18.114.000 (= 276 Einwohner pro Quadratkilometer), wobei in der Hauptstadt Colombo etwa 700.000 Menschen leben. 74 Prozent sind Singhalesen, 12,6 Prozent Jaffna-Tamilen (Norden), 5,5 Prozent sind Indien- oder Kandy-Tamilen (Hochland), 7,1 Prozent Moors (Muslime), 0,8 Prozent Burghers (Nachkommen von Holländern und Portugiesen). 69,1 Prozent der Bevölkerung bekennen sich zum Hinayana- oder Theravada-Buddhismus (vor allem Singhalesen), 15,5 Prozent sind Hindus (vor allem Tamilen), 7,6 Prozent Muslime und 6,9 Prozent Katholiken, der Rest sind Anglikaner, Protestanten und Angehörige von Sekten.

Seit 1978 ist Sri Lanka eine Sozialistische Präsidialrepublik im British Commonwealth of Nations. Im Parlament, das alle sechs Jahre gewählt wird, sitzen 254 Abgeordnete; das Staatsoberhaupt wird ebenfalls alle sechs Jahre direkt vom Volk gewählt. Bei den Wahlen zum Parlament am 16. August 1994 entfielen auf das Bündnis der Linksparteien Sri Lanka Freedom Party (SLFP)-KP Sri Lankas (CPSL)-

Trotzkisten-Sri Lanka Sama Samaja (LSSP) insgesamt 105, auf die konservative United National Party (UNP) 94, auf die tamilische Eelam People's Democratic Party (EPDP) 9, auf den Sri Lanka Muslim Congress 7, auf die Tamil Liberation Front (TULF) 5, die Democratic People's Liberation Front (DPLF) 3 und auf die Unabhängigen 2 Sitze.

Als Währung ist die Sri Lanka Rupie (1996: 1 US-Dollar = 58,98 SLR, 1 DM = 37,95 SLR, 1 öS = 5,3 SLR) im Umlauf.

In der Wirtschaft sind 50 Prozent der Erwerbstätigen in Dienstleistungsbetrieben, 20 Prozent in der Industrie und 30 Prozent als Landwirte tätig. Importiert werden 22,9 Prozent Investitionsgüter (Maschinen, Ausrüstung usw.), 22,3 Prozent Textilien, 18,9 Prozent Konsumgüter (davon 15,6 Prozent Lebensmittel) und 7,4 Prozent Erdöl, vor allem aus Japan, Indien, Südkorea, USA, China, England, Singapur und der BRD. Die wichtigsten Exportprodukte umfassen 75,4 Prozent Industrieerzeugnisse, 21,8 Prozent landwirtschaftliche Produkte (davon 12,6 Prozent Tee), 2,7 Prozent Mineralien (Edel- und Halbedelsteine). Diese Produkte gingen nach den USA, England, der BRD und anderen westlichen Ländern. Ein wichtiger Devisenbringer ist der Tourismus mit 407.000 Gästen (1995) und 175,5 Millionen US-Dollar Einnahmen. Allerdings brachten die Unsicherheiten durch Terroranschläge in den vergangenen Jahren einen starken Rückgang.

Große Bedeutung erlangte in den letzten Jahren der Bau von gewaltigen Staudämmen. Sie sollen 35.000 Quadratkilometer neues Bewässerungsland im trockenen Osten erschließen, auf das man fast eine Million Menschen aus den übervölkerten Regionen umsiedeln will. Die angeschlossenen Wasserkraftwerke sind für die Energieversorgung beim Aufbau einer Schwerindustrie, aber auch für die touristische Infrastruktur (Hotels) vorgesehen. Der Viktoria-Damm, 30 Kilometer südöstlich von Kandy, besitzt eine Höhe von 118 Metern bei einer Länge von 550 Metern. Er staut den Mahaweli-Fluß in einer Länge von 5,6 Kilometern. Mit drei

Turbogeneratoren besitzt das Kraftwerk eine Ausgangsleistung von 210 Megawatt. Der 87 Meter hohe und 600 Meter lange Kotmale-Damm im Mittel- und Unterlauf des Kotmale-Flusses besitzt ein Drucktunnel von 6560 Meter Länge mit einer 67 mal 38 Meter großen Untergrund-Kraftwerksstation mit vertikalen Francis-Turbinen und einer Leistung von 2 mal 67 Megawatt. Der Stausee umfaßt eine Fläche von 544 Quadratkilometer. Allerdings mußten durch die Bauarbeiten nicht nur zahlreiche Menschen abgesiedelt werden, es erfolgten auch starke Eingriffe in die umliegende Vegetation sowie eine Veränderung der Grundwasserverhältnisse. Diese ökologischen Auswirkungen werden erst in den kommenden Jahren erfaßbar sein.

Die am 7. September 1978 zum ersten Male offiziell gehißte Flagge von Sri Lanka zeigt im gelben (goldenen) Rahmen zwei Streifen in Grün und Orange (muslimische und hinduistische Minderheit). Im (seit 1985) rotbraunen Hauptfeld befindet sich ein gelber Löwe mit Schwert und Pipul-Blättern, die von der alten Flagge der singhalesischen Könige in Kandy übernommen wurden. Das 1972 angenommene Staatswappen umfaßt zwischen Sonne und Mond die Punkalatasse, umgeben von einem Ähren- und Lotoskranz. In der roten Scheibe steht der Schwertlöwe (von Kandy), gekrönt vom buddhistischen Gesetzesrad.

Streifzüge durch Sri Lanka

Colombo – Galle – Kandy – Nuwara Eliya – Adam's Peak – Ratnapura – Jaffna

„Verwirrend in ihrer Buntheit und fast betäubend sind die Eindrücke, die auf den Ankömmling in Colombo losstürmen", schreibt John Hagenbeck, der um 22 Jahre jüngere Bruder von Carl Hagenbeck, dem Begründer des berühmten Hamburger Zoos (Stellingen), in seinem Buch „25 Jahre Ceylon" (1922). Er kam 1885 mit dem Schiff zum ersten Male nach Colombo, um in Ceylon Elefanten zu kaufen. Damit charakterisiert der gebürtige Hamburger, der dann 25 Jahre als Tierfänger und Pflanzer auf der Insel verbrachte, die Haupt- und Hafenstadt am Ende des vorigen Jahrhunderts.

Nach einer Legende soll sich der Name Colombo von „kola" („Blatt") und „amba" („Mango") ableiten, aber die meisten Sprachwissenschafter sind der Ansicht, daß er vom singhalesischen Wort „Kalamba", das „Hafen" bedeutet, stammt. Als kosmopolitische Hafenstadt erinnert sie an die seefahrenden Kaufleute, die seit Jahrhunderten von der Insel Gewürze, Edelsteine und Elfenbein in ihre Heimat brachten. So nannte sie Wang Ya-tüon, ein chinesischer Kauffahrer des 14. Jahrhunderts, Kao lan-pu; der arabische Reisende Ibn Batuta, der die Insel Serendip besuchte, Calenbou; und der Portugiese Fernando de Queiroz kannte sie unter dem Namen Columbo.

Noch heute finden sich an alten Bauwerken, Straßen- und Familiennamen der Stadt die Einflüsse der früheren Kolonialherren, der Portugiesen im 16., der Holländer im 17. und der Engländer im 19. und 20. Jahrhundert. So stammt der Name der Vorstadt Milagiriya von der portugiesischen Kirche „Nossa Senhora dos Milagoes", das heutige Gerichtsviertel Hulftsdorp erinnert an einen holländischen Gouverneur, und der Terrington Square, der Barnes Place, die

Macarthy Road, Longden Terrace und Stanmore Crescent leiten ihre Namen von britischen Verwaltungsbeamten ab. Allerdings wurden nach der Erlangung der Unabhängigkeit zahlreiche Bezeichnungen der britischen Kolonialzeit mit neuen singhalesischen Namen versehen, so wurden zum Beispiel die Greenlands Avenue in Isipathana Mawatha, die Prince Street in Sir Baron D. B. Jayatillaka Mawatha und die Queen Street in Janadhipathi Mawatha umbenannt.

Heute besitzt die Stadt 15 Bezirke, wobei im Zentrum der Stadtteil Fort liegt, wo sich das Basarviertel Pettah, Slave Island, aber auch die neuen Hochhäuser vieler Banken und Hotels befinden. Colombo ist eine weiträumige, sehr grüne Stadt mit parkartigen Vierteln, neuen Sozialbauten am Stadtrand, aber auch alten, verkommenen Teilen. Durch die Straßen rollt ein chaotischer Verkehr von Autos, Autobussen, Lastwagen, Traktoren, aber auch Motorrädern, Mopeds, von Zebukühen gezogenen Zweiradkarren, und gelegentlich trottet ein Elefant mit seinem Mahut am Straßenrand daher.

Der einst „befestigte Stützpunkt“ des Hafens war das „Fort“, dessen Anfänge auf die, auf den Zimthandel spezialisierten, Portugiesen zurückgehen. Später gruben die Holländer Gräben und bauten Kanäle, um Waren aus dem Landesinneren zum Hafen zu transportieren. Die heutigen Reste der Befestigungen stammen aus der englischen Kolonialzeit, wie das alte Haupttor. Weitere steinerne Zeugen des Forts sind der „Punt den Breil“ der Holländer, der „Gal Bokka“ der singhalesischen Fischer, den die Briten zu „Galle buck“ verballhornten. An älteste Kolonialzeiten erinnern die holländischen Enkuyzen- und Leiyon-Bastionen. Bei der Belagerung des portugiesischen Forts durch die Holländer (1656) gelang es diesen erst durch den Verrat eines portugiesischen Deserteurs namens Gaspar de Figuera, die Festung zu erobern. Allerdings bekam er nicht den erhofften Judaslohn, sondern wurde vom holländischen Kommandanten als Verräter seiner portugiesischen Kameraden am Dach eines Pulverturms lebendig eingemauert! 1796 übergaben die Holländer Colombo kampflos an die Briten. 1872 schleiften die Engländer, zur Erweiterung der Stadt, den Großteil der holländischen Fort-Anlagen und errichteten als britisches Wahrzeichen den Uhrturm, eine stark verkleinerte Kopie des Londoner Clock-Tower.

Vom südlichen Festungstor gelangte man früher über eine Allee und Zugbrücken zum Galle Face, einer offenen Fläche am Meer, die bis heute ein beliebter Treffpunkt der Bewohner Colombos ist, da, vor allem am Abend, eine kühle Meeresbrise die drückende Hitze des Tages vertreibt. Der Name leitet sich vom holländischen „Galle-Fosse" (= Graben) her. 1828 ließ der britische Gouverneur Sir Edward Barnes (1824–1831) das weitläufige, offene Gelände zu einem Pferderennplatz umgestalten. Bis 1880 waren diese Rennen ein gesellschaftliches Ereignis ersten Ranges. Das Galle-Face Hotel an der Südseite erinnert an die britischen Zeiten, während auch heute noch täglich vor Sonnenuntergang das bunt gemischte Volk über den Uferstrand promeniert. Fliegende Händler mit Garküchen, Süßigkeiten, Eis, Obst, Plastikspielzeug und anderem Kram versuchen, durch lautes Rufen die Spaziergänger anzulocken. Daneben produzieren sich Straßenkünstler und Gaukler, wie Stelzenläufer oder der Zauberer, der in Minutenschnelle einen Mangobaum wachsen läßt. Unter monotonen, hypnotisch wirkenden Beschwörungsformeln setzt er einen Mangokern in eine Schale mit Erde und stülpt ein kleines Zelt darüber, um es nach kurzer Zeit wegzunehmen, eine kleine Mangopflanze wird sichtbar, wieder stülpt er das Zelt darüber und beim neuerlichen Abnehmen wird ein Bäumchen mit Früchten sichtbar. Der Trick liegt in der Geschwindigkeit seiner Handhabungen: In einem Schnappsack hat er als Requisiten einen Mangokern, ein Pflänzchen und verschieden große Mangobäumchen, zum Teil mit Früchten. Durch seine monotonen Reden lenkt er die Zuseher ab und vertauscht blitzschnell die verschieden großen Pflanzen im verhüllenden Zelt.

Ein Spaziergang im Zentrum führt durch die York-Street mit ihren alten, traditionsreichen Kaufhäusern, wie Miller's,

Cargill's oder das für seine Kunsthandwerke bekannte Laksala. Der älteste Bezirk der Stadt ist das Basarviertel Pettah (= „außen", das heißt, es liegt außerhalb des Forts). Hier trifft man unter den Händlern viele muslimische Moors. Sie sind Nachfahren arabischer Seefahrer und Kaufleute, gelegentlich auch muslimische Malaien, deren Vorfahren mit den Holländern aus Ostindien kamen. In der Pettah befindet sich auch die aus rot-weißen Backsteinen 1909 erbaute Jami-Ul-Alfar Moschee, in der sich die Gläubigen zum Freitagsgebet einfinden. Nach dem Ende des Fastenmonats Ramadan ziehen die Muslime (aber auch Buddhisten, Hindus und Christen) zum Galle Facegreen. Zu Beginn des Neumondes nach Ramadan gibt es ein Festessen mit Biryani-Reis, Huhn oder Hammel, gefolgt von Watallapan, einem Karamelpudding mit Cashew-Nüssen.

Die älteste Moschee der Stadt, Devatagaha, mit kleinen Minaretten, erhebt sich hinter dem strahlend weißen, 1928 erbauten Rathaus mit seiner Kapitolkuppel. Die Christen (zirka 1,5 Millionen, unter ihnen viele Burghers und Fischer) besitzen in Colombo mehrere Gotteshäuser, so die 1749 von den Holländern erbaute, protestantische Wolfendael-Kirche, die St. Andrews Scott-Church, eine 1842 erbaute Presbyterianer Kirche und die anglikanische Cathedral of Christ von 1845. Die römisch-katholische St. Lucia's Cathedral (erbaut 1874–1906) im venezianischen Renaissance-Stil ist die größte Kirche der Insel und faßt 6000 Gläubige. Die Christen feiern Ostern, Pfingsten und Weihnachten, wobei die Palmen, Bäume und Sträucher ihrer Gärten mit Lichtgirlanden und buntem Flitter geschmückt werden. An diesem Fest nehmen auch viele buddhistische Nachbarn teil. Im Juni wird in Kochchikade bei Colombo eine Woche lang der Hl. Antonius von Padua gefeiert, dessen Statue man häufig in den Fischerdörfern antrifft. An den Prozessionen zu Ehren des Heiligen nehmen auch Hindus und Muslime teil.

Die drei wichtigsten Hindutempel der Tamilen befinden sich in der 1st Cross Road und der Sea Street: der Ganesha-

Tempel des elefantenköpfigen Gottes, dessen Reittier die Ratte ist und der als Nothelfer gilt, weiters der Old und der New Kathiresam Tempel.

Das Zentrum der Stadt bildet der Viharamahadevi-Park (benannt nach der Mutter des singhalesischen Königs Dutthagemunu; bis 1958: Victoria-Park), in dem eine Liliputbahn zwischen tropischen Bäumen, an deren Ästen tagsüber Flughunde (Großfledermäuse) hängen, und vorbei an Lotusteichen und Orchideen tuckert. Im Süden der Stadt liegt das Villen- und Botschaftsviertel Cinnamon-Gardens (früher Zimt- und Gewürzplantagen) mit weiträumigen tropischen Gärten, der Universität und einem Planetarium. Die 1946 errichtete Independence Memorial Hall im Stil des Kandy-Reiches erinnert an den 4. Februar 1948, als der Duke of Gloucester im Parlament die Unabhängigkeit Sri Lankas bekanntgab. Die Bandaranaike Memorial Hall ist eine von der Volksrepublik China 1973 geschenkte Kongreßhalle für 1500 Personen. Gegenüber ragt eine verkleinerte Kopie des großen Aukan-Buddha (= „der Sonnenessende"; das Original bei Kala-Wela an der Bahnlinie Colombo–Trincomalee ist 13 Meter hoch und stammt aus dem 6. bis 8. Jahrhundert).

Die Slave-Island liegt zwischen Kanälen und dem Beira-See, landeinwärts von Galle Face. Sie hat ihren Namen von den Sklaven, die hier während der holländischen Kolonialzeit in einem sumpfigen, damals von Krokodilen besiedelten Gelände untergebracht waren. Am südlichen Stadtrand gelangt man nach der Durchquerung des tamilischen Stadtteils Wellawatte („Klein-Jaffna") zum Zoo von Dehiwala, der um die Jahrhundertwende aus einer Tierfängerstation von John Hagenbeck hervorging. Die Anlage beeindruckt durch ihren dschungelartigen Park, wo in einer Arena jeden Nachmittag eine Elefantenvorführung stattfindet.

Aus der englischen Kolonialzeit stammt das zwölf Kilometer südlich von Colombo auf einem Felsvorsprung liegende Mount Lavinia Beach Hotel, dessen Ursprung auf Gouverneur Barnes zurückgeht. Im Restaurant des Hotels werden neben internationalen Speisen auch einheimische Spezialitäten serviert. Das traditionelle Gericht der lankesischen Küche ist Rice and Curry. Der Weiße Curry wird mit Kokosmilch, der Rote Curry mit Chili und der Schwarze Curry mit dunkelbraun geröstetem Koriander, Kreuzkümmel, Fenchel, Zimt, Nelken, Kardamom und Muskat zubereitet. Als weitere Zutaten können noch Gewürznelken, Lorbeerblätter, Senfkörner, Zitronell und Griechisches Heu beigegeben werden. Fast jeder Koch und jeder Haushalt haben ihre eigene Mischung, die meist Familientradition ist und in jeder Region (auch in Indien) eine eigene Spezialität darstellt. Zu Reis und Curry werden in der Regel sechs bis acht Schüsseln mit Fisch-, Fleisch- und Gemüsebeilagen serviert, die in einer Soße aus Kokosraspeln, grünem und rotem Chili, Zwiebeln, Kardamom, Nelken, Muskat, Safran, Fenchel und Ingwer zubereitet werden.

In Sri Lanka kennt man fünfzehn verschiedene Sorten von Reis, die meist mit Safran und der Gelbwurzel Turmeric gefärbt und im Geschmack verfeinert werden. Weitere Beilagen sind Pappadoms, Getreidefladen, die in Öl ausgebacken werden, Chutneys (Früchte in scharf-pikanter Soße), weiters Roti, kleine Reismehlknödel, und Pittu, Fladenbrote aus Reismehl, Kokos, Wasser und Salz.

Beim Dankfest zur Reisernte, das im heißen Monat April gefeiert wird, kochen die Frauen für die Zeremonie des Neuen Reises „Alut Sahal Mangallaya". Es ist ein dicker Milchreis in Kokoscreme, genannt Kiribath, und mit Blüten des Tempelbaumes Frangipani verziert. Diese Speise trägt man in Tontöpfen zum Tempel, wo man zusätzlich Palmsaft-Karamelle, Cashew-Nüsse in Butterfett und Ambrosia opfert. Man speist auch gekochte Linsen, Bananen und Gemüse-Curry, Kürbis mit rotem Pfeffer, aber kein Fleisch. Auf das Erntedankfest folgt das buddhistisch-hinduistische Neujahr, dessen Zeitpunkt die Astrologen bestimmen. Zwischen Alt- und Neujahr herrscht für ein paar Stunden die vollkommene Ruhe der „zeitlosen Zeit". Danach werden Verwandte und Freunde besucht. Nach dem Rhythmus der großen

Raban-Trommel finden Kissenschlachten, Tauziehen und Schwingen auf der „Liebesschaukel" zwischen Mara- und Banyanbäumen statt.

Zum Frühstück gehören die Hoppers, dünne Fladen aus Reismehl und Kokosmilch, deren Ränder sich beim Backen nach oben biegen. Bei den Egghoppers wird ein Spiegelei aufgesetzt, bei den Stringhoppers der Teig zu Nudeln geformt. Zur vegetarischen Küche gehören die Früchte des Brotfruchtbaumes, die ähnlich wie Erdäpfel schmecken, sowie die Jackfrucht, deren gelblichweißes Fruchtfleisch als Gemüse gekocht wird. Die Fischsuppe Kool wird mit den Wurzeln der Palmyrapalme zubereitet. Besonders schmackhaft sind die zahlreichen gebackenen, gebratenen oder gegrillt zubereiteten, frischen Meeresfische, wie Thunfische, Zackenbarsche, Makrelen oder verschiedene Korallenfische. Beliebt sind auch die relativ „billigen" Krustentiere, wie Hummer, Langusten, Krabben und großen Garnelen, die man mit Gewürzen garniert. Die sackartige Mantelhöhle der Kraken (*Octopus*) wird mit Zwiebeln und Gewürzen gefüllt und anschließend gedünstet.

Die Einheimischen essen bei der singhalesischen Festtafel, der Sinhala Magul Mese, auch gerne gesalzene, getrocknete und geräucherte Fische. Als „Gaumenkitzel" dienen Sambols aus geriebener Kokosnuß, gpfefferter Zwiebel und Zitronensaft. Bei Salaten gibt es Variationen aus Gurken, frischem Pfeffer, Paradeisern und Ananasfrüchten.

Als Nachspeisen serviert man Kiribath, der an Milchreis erinnert, oder Watapallam aus Büffelmilch, weiters Eierpudding, den man mit Jaggery, einem Zucker aus der Kiupalme, süßt. Besonders schmackhaft sind die verschiedenen Tropenfrüchte: neben Zwergbananen und Ananas z. B. die birnenähnlichen, an Vitamin C reichen Guaven, die ein festes, weißgrünlich bis gelbliches Fruchtfleisch besitzen. Mango gibt es, wie in Indien, in vielen Sorten; ihr rosa Fruchtfleisch umhüllt einen großen, flachen Kern. Papayas erinnern an Zuckermelonen, ihr Fruchtfleisch wird nach dem Entfernen der zahlreichen schwarzen Kerne mit Zitronensaft beträufelt. Bei der Rambuttan-Frucht entfernt man die weichstachelige, rote Fruchthaut, um das weiße Fruchtfleisch auszulöffeln. Die „Stinkfrucht“ Durian ist trotz ihres unangenehmen Geruches wegen ihres köstlich schmeckenden Fruchtfleisches sehr begehrt. Die Schale der apfelgroßen Mangostane muß aufgedrückt werden, um zum weißen Kern zu gelangen. Geschätzt werden auch Granatapfel, Passionsfrucht und Limetten zur Herstellung von Sorbets und Cocktails. Die „Milch“ der Kokosnuß (Fruchtwasser) gibt ein süßliches, keimfreies Erfrischungsgetränk; aus dem Fruchtkern wird Kokosöl gepreßt, das wichtigste Fett in der einheimischen Küche. Aus Kokos-Palmblütensaft gewinnt man den begehrten Toddy, einen milchigen, weißen Palmwein, während Arrak, der jahrelang in Holzfässern reifen muß, ein hochprozentiges Getränk ist, das gerne mit Fruchtsäften zu einem Drink gemixt wird. Die Toddytappers, die Palmsaftzapfer, balancieren auf einem Seil von einem Palmwipfel zum anderen, ritzen mit einem Knochenmesser die Hülle der Kokosknospen und entfernen ein Stück Schale. Die Schnittstelle wird mit einer Paste aus Pfeffer, Chili, Zwiebeln, Limonade und Salz bestrichen. Mit einem kleinen Tongefäß fängt der Sammler die austretende Flüssigkeit auf. Er füllt täglich mehrere Zweiliterflaschen mit diesem biologisch-dynamischen Fusel.

Neben dem Nationalgetränk Tee gibt es heute auch lokale Biersorten wie Lions oder Three Coins, die meist unter der Leitung von deutschen und holländischen Brauern hergestellt werden.

Das neue Parlament von Sri Lanka, im Stil der Kandy-Zeit, wurde 1982 am Südostrand von Colombo, in Sri Jayawardanapura, der ehemaligen alten Königsstadt Kotte, erbaut und liegt inmitten eines Sees. Elf Kilometer nordöstlich der Hauptstadt befindet sich der Universitätscampus von Kelaniya, in dessen Nähe sich die berühmte Tempelanlage Kelaniya-Raja-Maha-Vihara erhebt. Die aus dem 3. Jahrhundert stammende und von den Portugiesen zerstörte Dagoba wurde Ende des 18. Jahrhunderts in „Reishaufenform" wiedererrichtet. Sie erinnert an eine Legende, die erzählt, daß Buddha auf einem Reishaufen seine Lehre verkündet haben soll. Neben der weiß gekalkten Dagoba breitet ein Ableger des heiligen Bodhi-Baumes von Anuradhapura seine Äste aus. Erhöht liegt das Tempelhaus, dessen Außenwände von Reliefs mit tragenden Zwergen, Elefanten und Gänsen umfaßt sind. Das Tempelinnere schmücken Fresken mit Geschichten aus dem Leben Buddhas, seinen legendären Besuchen in Sri Lanka und der Frühgeschichte des Landes. Im Januar findet die Kelaniya-Perahera, neben der Kandy-Perahera eine der größten, farbenprächtigen Prozessionen mit geschmückten Tempelelefanten, statt. Sie tragen die sonst im Tempel verwahrten Buddha-Reliquien.

Noch im vorigen Jahrhundert war der natürlich geschützte Hafen der Stadt Galle, fast 90 Kilometer südlich von Colombo, an der äußersten Südwestküste, der wichtigste Anlegeplatz für ankommende Schiffe. Sowohl die Wiener Weltreisende Ida Pfeiffer (1847) als auch die Teilnehmer der Österreichischen Novara-Expedition (1858) haben ihre Besuche nach Colombo und ins Landesinnere von Galle aus durchgeführt. Hier war bereits ab dem 8. Jahrhundert der Umschlagplatz für arabische und chinesische Händler, bis 1505, abgetrieben vom Monsun, eine kleine portugiesische Flotte am „Punta Galle" anlegen mußte. Gegen Ende des 16. Jahrhunderts erbauten die Portugiesen ein Fort, um den Gewürzhandel zu schützen. Der heutige Name der Hafenstadt geht auf sie zurück, da sie die singhalesische Bezeichnung „gala" (Felsen) zum portugiesischen „gallus" (Hahn) verballhornten. 1640 wurden die Portugiesen von den holländischen Eroberern verdrängt, die den Festungswall und das Fort weiter ausbauten, Handelshäuser und Kirchen errichteten und ein Kanalsystem anlegten. Heute erinnert in der Altstadt die Groote Kerk an Gertruyda Adriana le Grand, die Gattin des Garnisonskommandanten. Sie stiftete die Kirche als Dank für die Erhörung ihrer Bitte um Kindersegen. Im Kircheninneren hängen Gedenkplatten für Soldaten aus Holland und England.

Weitere Baurelikte sind das alte Stadttor, Wälle, Bastionen, der alte Leucht- und Pulverturm sowie ein Herrenhaus aus dem Jahr 1680. Mit Beginn der englischen Kolonialherrschaft im 19. Jahrhundert verlor Galle seine Vorherrschaft an Colombo, von wo aus die Kolonialherren eine Eisenbahnlinie zu den Plantagen des Hochlandes anlegten. An der Küstenstraße von Colombo nach Galle, längs ausgedehnter Kokoshaine und weiter Sandstrände, errichtete man nach 1945 zahlreiche neue Touristhotels, wie zum Beispiel in Beruwala, Bentota und Hikkaduwa.

Interessant ist der Ort Ambolangoda, der durch seine Maskenschnitzer und „Teufelstänzer" berühmt wurde. Noch 1971 trafen wir den damals 72 Jahre alten Doyen der Schnitzer, Ariyapala Gurunanse vom Clan der Wijesoora, der uns durch seine Werkstatt führte (er erblindete in den folgenden Jahren und wurde über 90 Jahre alt). Obwohl die Maskenschnitzereien heute fast ausschließlich für die Souvenirindustrie hergestellt werden, beeindrucken sie noch immer in ihrer Formenvielfalt und dem Reichtum der leuchtenden Farben. Sie werden aus dem weichen Holz des Kaduru-Baumes geschnitzt, der am Rande der Reisfelder wächst. Die Maskenkunst ist auf das Kolam-Natanava (Kolam = Maske, Verkleidung; Natanava = tanzen), das alte lankesische Maskenspiel, und die magischen, nächtlichen Rituale der Dämonen- und Teufelsaustreibung (Raksha) sowie die Beschwörung von Krankheiten (Sanniya-Yakuma) zurückzuführen. Die Masken stellen Götter, Menschen mystischer Herkunft, Tiere und Dämonen dar. Sie sind durch bestimmte Merkmale und Farben für den kundigen Zuschauer erkennbar. Die Schnitzmasken werden mit Pflanzenfarben bemalt, eine Ölglasur verleiht den Zügen einen lebendigen Glanz.

Das Maskenspiel Kolam dauert bei Fackelschein die ganze Nacht, vom Untergang bis zum Aufgang der Sonne. Nach einem Vorspiel und dem Vorstellen der Maskenträger folgt das Hauptspiel. Es ist meist eine alte Legende, wie vom Prinzen Manamé und dessen junger Frau, in die sich ein Weddafürst verliebt. Dieser tötet durch den Verrat der untreuen Frau den Prinzen. Allerdings verläßt der Wedda seine Geliebte, nachdem er ihr den ganzen Schmuck abgenommen hat. Ein Schakal trifft auf die jammernde Frau. Er hat Fleisch im Maul, entdeckt aber im Fluß einen Fisch, den er fangen will. Das mißlingt dem Schakal, und als er zu seinem Fleisch zurückkehren will, hat es unterdessen ein Vogel gefressen. Als Moral der Geschichte sagt er zur unglücklichen Prinzessin: „Du hast deinen Mann verraten und dein Schmuck wurde geraubt. Dies war noch dümmer als mein Verhalten." In einem anderen Spiel vernichtet der heilige Adler „Gurula" giftige Schlangen. Ihr Anführer ist der Dämonenfürst Naga-Raksha (Naga = Kobra), der die zerstörende Kraft des Schlangengiftes verkörpert.

Der Yakadura, ein Astrologe, ist der beste Kenner der Dämonen und erstellt für die Kranken ein Horoskop. Dabei muß er die Himmelsrichtung finden, in der der Todesdämon Maru wohnt. Danach bestimmt er das Opfer für den Dämon. Die Austreibung von Krankheiten, Elend, Angst, Leiden und Schmerz erfolgt durch die Anrufung der achtzehn Krankheitsdämonen. Unter Trommelwirbel beschwört der Yakadura den Todesdämon Maru, wobei Tänzer in Trance und mit Fackeln im Mund sich drehend um den liegenden Kranken springen. Es erscheint der grüne Gallendämon Pit-Sanniya und tanzt vor dem Kranken. In einer Totenkopfschale nimmt er das Opfer, das aus dem Blut eines Hahnes vermischt mit Reis, Kokos und einem Kuchen besteht, um schließlich im Dunkel zu verschwinden. Nun tritt der Maha-Kola-Sanniya, der Choleradämon und Herr über achtzehn Krankheiten auf. Als alle seine Bestechungsversuche, zum Wächter des Kranken vorzudringen, fehlschlagen, versucht er es mit einem beschriebenen Palmblatt als „Passierschein". Da der Dämon aber Analphabet ist, weiß er nicht, was auf dem Blatt geschrieben steht, nämlich, daß der Maha-Kola-Sanniya nur dann zu den Menschen darf, wenn er sie – heilt! Außerdem hat er beim anbrechenden Morgen zu verschwinden. So siegt schließlich das Gute, und der Kranke gilt als geheilt.

Die rote Maske des Maru-Sanniya und die schwarze Maske des Abuta-Sanniya verkörpern Irrsinn, der gelbgesichtige Guhna-Sanniya verursacht Bauchschmerzen und Würmer, die verschiedenen Naga-Sanniyas mit ein bis vier Kobras am Kopf bringen im Schlaf Alpträume, und der rotgesichtige Bihiri-Sanniya, der eine Kobra auf der Oberlippe trägt, ist für Taubheit verantwortlich. Die schwere Gurula-Maske des Adlerdämons besitzt eine mehrstöckige Krone, aus der grellrote Flammen emporragen. In nächtlichen Tänzen wird sein Kampf mit der Schlangengefahr symbolisiert.

Im Südosten von Sri Lanka findet Ende Juli/Anfang August beim Pilgerort Kataragama bei Vollmond die Esala Perahera statt, zu der vor allem Hindus, aber auch Buddhisten und Muslime zu Tausenden anreisen. Sie besuchen den Mehala Devala (Großer Tempel), der dem hinduistischen Kriegsgott Skanda (auch Karttikeya oder Subrahmanya) geweiht ist. Der Legende nach kam der Hinduprinz Skanda (Kumar genannt), der in Indien mit der Prinzessin Thevani Amma verheiratet war, nach Sri Lanka, wo er, nach einem Krieg mit den Ureinwohnern, die schöne Valli Amma, die Tochter eines Weddahäuptlings, als zweite Frau ehelichte. Beiden Gattinnen sind in Kataragama Tempel geweiht, aber auch der buddhistische König Duttugemunu (161–137 v. Chr.) weihte Skanda einen Tempel, da er ihm während eines Krieges zur Seite stand. Sogar Buddha soll bei seinem (geschichtlich nicht nachweisbaren) Besuch der Insel hier meditiert haben. Die Pilger bestaunen die Asketen, die während des Festes über glühende Kohlen laufen, sich Pfeile durch die Zunge stoßen oder sich mit Eisenhaken im Fleisch aufhängen lassen. Dabei predigen sie in Trance, und aus ihrem Körper fließt kein Tropfen Blut! Zur Reinigung von ihren Sünden steigen die Gläubigen in den Menik-Fluß. Zum Abschluß des Festes wird sein Wasser mit einem Schwert geteilt, wobei der Zusammenschlag des Wassers die „ewige Einheit von Sri Lanka“ symbolisieren soll.

Südöstlich von Galle, in der südlichen Bucht von Weligama, hocken die Küstenbewohner auf Stelzen und fischen in der anrollenden Brandung. Obwohl die Ausbeute meist nicht sehr groß ist, ziehen die „Fischer im Hochsitz“ immer wieder vorbeikommende Touristen an, von denen fürs fotografieren einige Rupien zusätzlich eingenommen werden.

Von Colombo aus führt eine der die Insel querenden Hauptstraßen nach Trincomalee an der Nordostküste.

Bei der Weiterfahrt ins Landesinnere dominieren die Reisfelder in verschiedenen Grüntönen die Landschaft. Ein Drittel der landwirtschaftlich genutzten Fläche der Insel bedecken Kulturen von Reis (*Oryza sativa*). Die Pflanze wird über einen Meter hoch und bildet schließlich eine überhängende Rispe, deren Ähren meist grannenlos sind. Im Hinterland der Küste kultiviert man den Wasserreis in berieselten Feldern, die im Hügelland in Terrassen liegen und von wasserhaltenden Dämmen umgeben sind. Vor dem Auspflanzen der Setzlinge wird der Schlammboden mit Hilfe der Hufe von Wasserbüffeln, die man durch die Felder treibt, „umgeackert“. Die Jungpflanzen pflanzt man später in größeren Abständen um. Allmählich stellt man die Pflanze trocken, und die Ernte erfolgt zum Großteil auch heute noch mit der Sichel. Zum Ausdreschen der Reiskörner verwendet man auf Sri Lanka Steinwalzen, die von Buckelrindern, im Kreis trabend, gezogen werden. Es folgt die weitere Verarbeitung – Enthülsen, Schälen und Sortieren – zur Gewinnung von Paddy, dem Rohreis. In höheren Lagen (in Sri Lanka bis 1200 Meter) pflanzen die Bauern den Berg- oder Trockenreis, der als schmackhafter gilt.

Für die Portugiesen und Holländer war vor allem die Rinde des Zimtbaumes (*Cinnamomum ceylanicum*) aus der Familie der Lorbeergewächse (Lauraceae) der wichtigste und damals teuerste Gewürzlieferant. Der Nürnberger Johann Jakob Saar, Korporal der Holländisch-Ostindischen Kompanie, beschrieb 1672 in seinem Buch über eine „Reise nach der großen, herrlichen Insel Ceilon“ eine Zimternte: „Vierhundert Heiden wurden bereits frühmorgens, bewacht von fünfundzwanzig Holländern, zum Schälen der Zimtrinde getrieben, wobei die Trommel geschlagen und Gewehrsalven abgefeuert wurden, um Wildelefanten zu vertreiben." Nach der Eroberung der Insel durch die Briten wurde London der große Zimtlagerplatz. Heute wird auf 14.000 Zimtplantagen zwei- bis dreimal jährlich geerntet, wobei man vom 2,5 bis 3 Meter hohen Zimtbaum etwa eineinhalbjährige Triebe abschneidet, von denen die Außenrinde abgelöst wird. Nach Entfernung der Mittelrinde rollt man die zarten, dünnen Innenrinden zu acht bis zehn Stück in „Quills" ineinander auf. Sie werden schließlich getrocknet und bekommen so die gelblichbraune Zimtfarbe.

Der aus dem Amazonasgebiet stammende Kautschukbaum (*Hevea brasilensis*), ein Wolfsmilchgewächs (Euphorbiaceae), wurde von den Briten im vorigen Jahrhundert nach Sri Lanka gebracht, wo er heute in Monokulturen im niederen, feuchten Hügelland wächst. Der bis dreißig Meter hohe Baum mit glatter, grauer Rinde und langgestielten Blättern, die in der Trockenzeit abfallen, besitzt in Rispen stehende Blüten. Bei der Gewinnung des milchigen Kautschuksaftes erfolgen spiralförmige Einschnitte in die Rinde. Bereits nach wenigen Stunden sammelt sich der weißliche Milchsaft, Latex genannt, in einem Auffanggefäß (meist eine halbe, hohle Kokosnuß). Der Schnitt wird nach zwei bis drei Tagen erneuert, wobei der Zapfer täglich bis zu siebenhundert Bäume bearbeitet. Nach Entleerung in der Sammelstelle wird dem Latexsaft in langen, gekammerten Wannen Ammoniakbisulfat beigefügt. Das entstehende Kautschukband wäscht man, bevor es, zu Kreppgummi gewalzt, in Stücke geschnitten und mehrere Tage bei fünfzig Grad zu Rohkautschuk geräuchert wird. Sri Lanka produziert jährlich zirka 150.000 Tonnen Rohkautschuk (das sind vier Prozent der Weltproduktion), der hauptsächlich für den Export bestimmt ist.

Eine weitere wichtige Kulturpflanze Sri Lankas ist der Pfefferstrauch (*Piper nigrum*). Als Kletterpflanze klimmt er auf Stützbäumen mit Haftwurzeln bis 15 Meter hoch. Aus den vorerst grünen Beerenfrüchten erhält man nach deren Trocknung den schwarzen Pfeffer, und aus den vollreifen roten Früchten, bei denen die Fruchtschale durch Gärung entfernt wurde, den grauweißen Pfeffer. Für das scharfe Würzen der einheimischen Speisen verwendet man den „Hot Pepper“ oder Chili, eine der Kulturformen der 35 Arten umfassenden Gattung *Capsicum*, die im lichten Schatten gedeiht. Die schlanken, dünnwandigen Schoten enthalten das scharfe Alkaloid Capsaicin.

An den Straßenrändern der Dörfer stehen häufig bastgedeckte Buden, in denen hübsche Mädchen den Durchreisenden Ananas oder Pineapples (*Ananas sativus* = *comosus*) anbieten. Die aus Südamerika stammende Pflanze wurde bereits von den Portugiesen um 1590 nach Indien und Sri Lanka gebracht. Das Bromeliengewächs besitzt rosettenartig angeordnete, stachelige Blätter, die einen Sammelfruchtstand entwickeln, dessen saftiges, süßsaures Fruchtfleisch in den Tropen eine angenehme Erfrischung bietet und auch zu Säften verarbeitet werden kann. Die verschiedenen Sorten der Passionspflanze (*Passiflora*-Arten) mit ihren hühnereigroßen, süßlichen Früchten haben ebenfalls ihre ursprüngliche Heimat in Südamerika, wie die Papaya (*Carica papaya*). Deren Früchte erinnern an eine Honigmelone und enthalten Papain, ein verdauungsförderndes Ferment. Mit Zitrone beträufelt werden Papayastücke gerne zum Frühstück gereicht. Der aus Indien stammende Mangobaum (*Mangifera indica*) mit seinen nierenförmigen Früchten, deren faseriges, wohlschmeckendes Fruchtfleisch einen großen Steinkern umschließt, findet sich häufig, neben Bananenstauden, in den Dörfern des Hügellandes. Die Obst- oder Mehlbananen, auch Pisang genannt, sind Kreuzungen aus *Musa acuminata* und *M. babasiana* und besitzen dicke Schalen. Die Einheimischen bevorzugen die wohlschmeckenderen, dünnschaligen Zwergbananen, die allerdings für den Export ungeeignet sind. Häufig sieht man auch Bananen mit rötlicher Schale, während die großen, grünen Kochbananen für den Rohgenuß nicht geeignet sind.

Von Pasyala zweigt eine Nebenstraße ostwärts nach Kegalla und über Peradeniya nach Kandy ab, der im fünfhundert Meter hohen Hügelland gelegenen, letzten Hauptstadt des singhalesischen Königreiches. Ihr Name leitet sich wahrscheinlich vom singhalesischen Wort „Konde" („Hügel") ab, wie es aus den Berichten des 1660 in der Stadt gefangen gehaltenen Robert Knox hervorgeht. Der frühere Name „Kanda Uda" („Land in den Bergen") ersetzte die alten Namen „Senkadagala" und „Maha Nuwara" („Große Stadt"). Die Portugiesen verballhornten „Kanda" zu „Candia", die Engländer zu „Kandy". Die Stadt umfließt, abwechselnd träge zwischen Palmhainen und dann wieder schießend über Felsen und Geröll, der Mahaweli-Ganga. Im Zentrum der Stadt befindet sich der Kandy-Lake, ein künstlicher See, der zwischen 1810 und 1812 vom letzten singhalesischen König, Vikrama Raja Sinha, angelegt wurde. Seine Ufer säumen „Pride of India"-Bäume (Indischer Zedrachbaum; *Melia azedarach*) mit ihren leuchtenden, lilafarbenen Blüten.

Eine typische Kandy-Architektur zeigt die ehemalige Audienzhalle, deren Bau 1784 begann, und die an der Holzkonstruktion ihres Ziegeldaches mit reich geschnitzten Pflanzenornamenten versehen ist. Am 2. März 1815 unterzeichnete hier König Vikrama Raja Sinha in der „Kandy-Convention" die Kapitulation des letzten singhalesischen Königreiches unter die britische Kolonialherrschaft. Vor der Errichtung der St. Pauls Church benutzten sie die Briten sowohl als Gerichtssaal als auch als Kirche. Die Kolonialsoldaten wurden in ein Gebäude einquartiert, an dessen Stelle heute das Queens Hotel steht.

Das bedeutendste Bauwerk von Kandy ist der Dalada Maligava, der Tempel mit der Reliquie eines Zahnes von Buddha. Obwohl die heutige Form des mehrfach umgebauten Tempels auf den letzten singhalesischen König zurückgeht, befand sich schon im 16. Jahrhundert ein Schrein am selben Ort. In der Südwestecke ragt ein achteckiger Vorbau auf, der eine Sammlung von Palmblattschriften enthält. Die typische Kandy-Architektur erkennt man an dem, von Holzsäulen getragenen Dachaufbau. Durch einen Bogen betritt man über Steinstufen die Tempelanlage, die in zwei Stockwerken einen Innenhof umschließt. Im nicht zugänglichen Obergeschoß befindet sich der Schrein, umschlossen von bemalten Türen, die mit Silber und Elfenbein geschmückt sind. Ein dagobaförmiger Reliquienbehälter enthält in einer Elfenbeinkapsel den „Heiligen Zahn Buddhas". Die übrigen Tempelanlagen dürfen auch Nicht-Buddhisten betreten, aber die meisten Besucher sind einheimische Gläubige und gelborange gewandete Mönche. Dreimal täglich ertönen zu den Gebetszeiten Trommeln, begleitet von dumpfen Trompetentönen aus durchbohrten Schnekkenschalen; meist sind es die Gehäuse der Chank-Schnecke (*Xancus pyrum*) oder des Tritonshornes (*Charonia tritonis*). Der Legende nach wurden, neben einem Schlüsselbeinknochen, vier Zähne aus der Asche des verstorbenen Buddha geborgen. Ein Zahn soll sich bei Gott Indra, ein zweiter in einem Kristallpalast der mystischen Nagas am Meeresgrund und ein weiterer Zahn in einer Pagode bei Peking befinden. Der vierte Zahn verblieb achthundert Jahre in einem Schrein beim König von Kalinga in Nordindien. Ein benachbarter Hindufürst stahl den Zahn, da er durch seine Verehrung eine Mißachtung der hinduistischen Religion befürchtete. Er warf den Zahn ins Feuer, aber es erblühte daraus eine Lotosblüte, deren Blätter den Zahn schützten. Als der Fürst anschließend versuchte, den Zahn zu zertrümmern, zersprang der dazu verwendete Hammer; schließlich warf er den Zahn in einen Teich. Dieser verwandelte sich aber in einen blühenden Garten, in dessen Mitte der Zahn auf einer Lotosblüte lag. Daraufhin bekehrte sich der Fürst zum Buddhismus und übergab den Zahn dem König Guhasiwa. Da der Buddhismus damals in Indien bedroht war, brachte die buddhistische Nonne Hemamasa den Zahn in ihrem langen Haar versteckt nach Sri Lanka, wo er seit Jahrhunderten geschützt und verehrt wird. Im Laufe der Zeit verlagerten ihn die buddhistischen Singhalesen in ihre verschiedenen Königsstädte. Ende des 16. Jahrhunderts beschlagnahmten die katholischen Portugiesen die Reliquie, brachten sie nach Goa (Südwestindien), um sie dort zu zerstampfen. Die schlauen Buddhisten hatten ihnen aber eine Kopie unterschoben und den „echten" Zahn versteckt. Seit der Zeit des Königs Sri Raja Singh (1747–1780) wird die Reliquie im Juli/August in einer Prozession der „Dalalada Maliga Perahera" auf einem geschmückten Elefanten durch Kandy getragen. Zuvor wird im Mai das Wesak-Fest gefeiert. Die Gläubigen pilgern, weißgekleidet, zu den Dagobas und Tempeln, um der Geburt, der Erleuchtung und des Todes von Buddha und seines Einganges ins Nirwana zu gedenken. Öllampen und Lichterketten beleuchten Häuser und Gärten, Episoden aus dem Leben Buddhas werden dargestellt und Glückwunschkarten an Freunde versendet. Bei Umzügen von Masken-Tänzern sollen böse Dämonen vertrieben werden. Ende Juni folgt das Poson-Fest, das an die Ankunft der buddhistischen Lehre in Sri Lanka (250 v. Chr.) durch einen Sohn des indischen Königs Ashoka erinnert.

Vier Wochen später, beim Esala-Vollmond, beginnt die vierzehntägige Kandy-Perahera, zu der Tausende Pilger, heute aber auch Touristen, strömen. Durch fünf Nächte (Kumbal) erfolgen das Einstimmen der Kandy-Tänzer und Trommler sowie der Ritt der Honoratioren auf geschmückten Elefanten. Die nächtlichen Umzüge steigern sich, bis der Vollmond am hellsten erstrahlt. Eine Stunde vor Mitternacht ertönen die Trommeln, Flöten und Blasinstrumente. Die Tänzer wirbeln ihre Fackeln, begleitet von gelbgewandeten Mädchen, die Öllämpchen aus Kokosschalen balancieren. Gegen ein Uhr verläßt die Reliquie den Tempel in einem goldenen Behälter am Rücken des mit Gold- und Silberfäden bestickten Decken umhüllten „Maligawa-Tusker" („König der Elefanten"; ein Bulle mit gewaltigen Stoßzähnen). Er wird rechts und links von zwei mit bunten Tüchern behängten Elefanten eskortiert. Dahinter rollen Stromaggregate für die bunten Lämpchen auf den Elefanten. Die Elefanten schreiten über einen weißen Seidenteppich und ziehen schließlich langsam durch die Straßen der Stadt, die von Zusehern in Zehnerreihen gesäumt sind.

Es folgt ein kilometerlanger Festzug von Tänzern, Musikern, Maskenträgern, Akrobaten und adeligen Würdenträgern in glitzernden Gewändern. Sie tragen kleine Dagobas aus Gold und Silber, und ihre Hüften umgürten juwelenbesetzte Schwerter. Bis zum Morgengrauen feiern die gläubigen Buddhisten, aber auch Hindus, Muslime und lankesische Christen das nächtliche Fest. Am nächsten Morgen findet nach der Zeremonie des „Wasserschneidens" im Mahaweli-Fluß zum Abschluß der einzige Tag-Umzug statt.

Im Norden von Kandy liegt in einem Granitfelsen das Höhlenkloster Alu Vihara, das 80 v. Chr. gegründet wurde. Ungefähr fünfhundert Mönche sammelten hier die bis dahin auf Sri Lanka mündlich überlieferten Lehren Buddhas, um sie auf Palmblättern aufzuschreiben. In der Tripikata („Dreikorb") finden sich die Reden des Gauthama Buddha, die Regeln für die Mönchsgemeinde (Sangha) und die Interpretationen und Kommentare der Schriften für die Jünger der Lehre. 1848 flüchteten sich, bei einem Aufstand der Singhalesen gegen die Briten, Rebellen in die Höhlen, wo ihre Verfolger die Bibliothek zerstörten. Seither bemühen sich buddhistische Mönche um die Rekonstruktion der Tripikata auf Palmblättern. 1982 konnte der erste Teil dieser mühsamen Arbeit abgeschlossen werden.

Westlich von Kandy, umflossen vom Mahaweli-Ganga, erstreckt sich der berühmte Botanische Garten von Peradeniya. Bereits im 14. Jahrhundert befand sich hier ein Lustgarten der singhalesischen Könige, bis zwischen 1803 und 1824 die Engländer einen Garten von Tropenpflanzen anlegten, in dem heute über fünftausend tropische Pflanzenarten von zweihundert Gärtnern und Botanikern der in der Nähe gelegenen Universität betreut werden. Der Universitätscampus wurde 1942 begründet und wird heute von 6500 Studenten besucht, welche die verschiedensten Geistes- und Naturwissenschaften sowie Medizin studieren können.

Doch zurück zum Botanischen Garten, bei dessen Eingang bis 15 Meter hohe Toha-Bäume (*Amherstia nobilis*) stehen, deren prachtvolle, rotorange Blüten in Trauben herabhängen. Der wissenschaftliche Gattungsname erinnert an Lady Amherst, die Gattin eines englischen Gouverneurs, der auch ein begeisterter Botaniker war. Zahlreiche Wege führen durch Blumen-, Gewürz- und Kräutergärten, in denen alle jene Kräuter gezüchtet werden, mit denen Heilpraktiker in der aus Indien stammenden und auch in Sri Lanka angewendeten Ayrveda-Volksmedizin ihre Patienten behandeln. Neben einem Orchideenhaus mit zahlreichen Hybriden beeindrucken den Besucher vor allem die Alleen der aus Westindien stammenden, bis 50 Meter hohen Kohlpalme (*Roystonea oleracea*) und der verwandten, bis 25 Meter hohen Königspalme (*R. regia*). Neben Bambusbeständen (*Dendrocalamus-, Bambusa*-Arten) finden sich auch Fächerpalmen, wie die 35 Meter hohe Palmyra-Palme (*Borassus belliformis*), die auch Toddy- oder Zuckerpalme genannt wird, da man von ihr ebenfalls einen süßen Palmwein gewinnen kann. Aus der Talipot-Palme (*Corypha umbraculifera*) ragen bis fünf Meter hohe, kegelförmige Riesenblütensträuße wie Federbüsche empor.

Von Kandy führt eine serpentinenreiche Bergstraße in das zentrale Gebirge bis Nuwara Eliya in über zweitausend Meter Höhe. Sie läuft entlang von reißenden Gebirgsbächen und gibt immer wieder wunderbare Ausblicke auf die umliegenden Berggipfel. Zu beiden Seiten erstrecken sich auf den Abhängen ausgedehnte „Tea-Estates" (Teeplantagen). Die ersten Teekulturen des Hochlandes legten die Briten vor 120 Jahren an. Zuvor, etwa um 1823, pflanzten die britischen Kolonisten Kaffeesträucher, da der Kaffee damals am Weltmarkt hohe Preise erzielte. So stieg die Kaffeeausfuhr von Sri Lanka von 322.760 Zentnern im Jahr 1850 auf 1.013.904 Zentner im Jahr 1870! Gegen 1890 kam allerdings das abrupte Ende für die Kaffeekulturen. Zuerst fraßen die Kaffeeratten (*Golunda eiliot*) an Blättern und Zweigen der jungen Bäumchen, und dann überzog der Rostpilz *Hemileia vastatrix* die Pflanzen, die dadurch vollkommen vernichtet wurden, sodaß die Kolonisten vor dem Ruin standen.

Eine „Königsidee“ kam von einem jungen Schotten namens James Taylor, der bereits 1867 Hybriden der Teepflanze (*Camelia sinensis*), die er aus Kalkutta bezog, bei Kandy versuchsweise anpflanzte. Er hatte Erfolg, vor allem, weil die Qualität dieses Hochlandtees besonders gut war. In der Folge stellten alle Kolonisten allmählich auf Teekulturen um und rodeten den Bergwald von 1100 bis 2000 Meter. Hier gedeiht die Pflanze auf saurem Boden ausgezeichnet im Wechsel von Tropenglut und hoher Luftfeuchtigkeit während des Tages und der Kühle der Nacht. Je nach Meereshöhe unterscheidet man Lowgrown-Tea (um 600 Meter), der dunkel und großblättrig ist, vom Mediumgrown-Tea (600 bis 1200 Meter) und dem Highgrown-Tea (1200 bis 2000 Meter), der am begehrtesten ist. Die früher von britischen Plantagenbesitzern verwalteten Tea-Estates wurden zwischen 1971 und 1975 gegen Entschädigung enteignet und von der Ceylon State Plantations Corporation in Staatsbesitz übernommen. Die drei großen Anbaugebiete für Tee liegen bei Uva im Osten, Dimbulla und Dickoya im Westen und bei Nuwara Eliya im zentralen Gebirge. Auf mehr als 600.000 Acres (1 Acre = 40,468 Ar) werden pro Jahr zwischen 180.000 und 225.000 Tonnen Tee geerntet (das sind neun Prozent der Weltproduktion; 96 Prozent der Tee-Ernte von Sri Lanka werden exportiert). Tee bringt pro Grundfläche an Erträgen viermal soviel wie Kautschuk und fünfmal soviel wie Kokos. Die immergrüne Teepflanze mit weißen, duftenden Blüten setzt man in Reihen von ein bis zwei Meter Abstand, die Sträucher stutzt man auf eine Höhe von eineinhalb Meter, um den Pflückerinnen das Ablösen der jungen, zarten Blätter zu erleichtern. In Sri Lanka wird über das ganze Jahr geerntet, wobei man für ein halbes Kilogramm Tee etwa 3200 Teeblätterspitzen benötigt. Das Teepflücken besorgen ausschließlich Frauen und Mädchen, die von männlichen Aufsehern begleitet werden. Achtzig Prozent der Teepflückerinnen und Teearbeiter in den Fabriken sind indische, hinduistische Tamilen (etwa eine Million), deren Vorfahren im vorigen Jahrhundert von den Briten als „Gastarbeiter“ auf die Insel geholt wurden. Die Teeplantagen bilden eigene Gemeinden, deren Vorsteher der Plantagenmanager ist. Die Pflückerinnen bezahlt die Verwaltung nach einem Tageslohn, der je nach Schwierigkeit des Gebirgsgeländes festgelegt wird. Der Monatsverdienst schwankt zwischen 1500 und 2000 Rupien (1 österr. Schilling = ca. 5 Rupien; 1 DM = ca. 35 Rupien).

Die abgepflückten, frischen Spitzen der zartgrünen Blätter kommen in einen Rückensack oder Korb, der mit einem Band am Kopf der Pflückerin befestigt ist. Täglich werden pro Arbeiterin zwischen acht bis zwanzig Kilogramm Blätter geerntet. In den Welkhäusern der Teefabrik der Plantage erfolgen die erste Lagerung und der Entzug der Feuchtigkeit. Anschließend besorgen Rollmaschinen das Zerreißen der Zellwände. Beim nächsten Vorgang beginnt die Fermentation mit einem achtstündigen Gärprozeß bei 30 Grad Celsius in vier bis fünfzehn Zentimeter hohen Schichtlagen. Durch Oxydation der Gerbstoffe entfaltet sich das typische Teearoma. Den Abschluß bilden die Trocknung mit Heißluft und schließlich das Verpacken in Kisten, deren Innenwände mit einer Folie ausgelegt sind.

Die höchste Qualität besitzt der sogenannte „Tip“ in verschiedenen Variationen, es folgt der „Broken Orange Pekoe“ (BOP); beide sind Qualitätssorten aus zarten, jungen Blattspitzen und Knospen. Der „Sachong“ stammt von größeren Blättern, während der „Pekoe Dust“ abgesiebter Teestaub ist, der heute meist in Teebeutel abgefüllt wird.

Das Ziel der Hochlandfahrt ist die Stadt Nuwara Eliya oder Nureliya („Die Stadt über den Wolken“), wo die Jahresdurchschnittstemperatur bei 15 Grad liegt. Hier war der „Garten der Jahreszeiten“ der Briten der Kolonialzeit, den sie vor allem während der heißesten Monate aufsuchten. Dieses Gebiet wurde ab 1830 von Sir Samuel Baker zu einem Erholungs- und Höhenkurort, zu einem „Klein England“, erschlossen. Es entstanden britische Landhäuser, Hotels und Clubs, ein künstlicher See, der Victoria-Park, ein Pferderennplatz (heute nicht mehr in Betrieb) und last but not least wurde ein Golfgelände mit „englischem Rasen“ angelegt. Daneben entstanden durch Rodung des Hochwaldes neben Tee- auch ausgedehnte Gemüseplantagen, auf denen auch Gemüsesorten gemäßigter Klimate prächtig gedeihen. Das Gebirgsstädtchen mit 45.000 Einwohnern ist heute ein beliebtes Touristenziel, wobei es sich empfiehlt, in den Monaten zwischen November und Februar einen Pullover mitzunehmen, da die Nächte kühl sind und die Temperaturen morgens fast bis zur Frostgrenze absinken können. Rauhreif auf den Gräsern ist um diese Jahreszeit keine Seltenheit.

Die Hochebene wird von den höchsten Bergen der Insel umrahmt, darunter der Kikilimana mit 2238 Meter und der Pidurutalagala, der mit 2526 Metern die höchste Erhebung der Insel ist. Am Fuß des Hakgala Peak mit 2293 Metern dehnen sich die von den Briten angelegten Hakgala-Gärten aus, in denen Gebirgspflanzen, wie Baumfarne und viele Rhododendron-Arten, gedeihen. Auf über 2000 Meter erstreckt sich die Hochebene der Horton-Plains (benannt nach dem Gouverneur Sir R. W. Horton (1831–1837), die von feuchten Wiesen und windzerzausten, mit Bartflechten behangenen Bäumen bedeckt sind. An ihrem südlichen Ende, bei „World's End“, stürzt das Hochland unmittelbar fast 1300 Meter senkrecht ab. Wolkenbänke steigen auf, zerreißen wieder und geben dann für kurze Zeit einen Blick auf die tief eingeschnittenen Täler bis zur Südküste frei.

Der berühmteste Berg von Sri Lanka ist der Adam's Peak (auch Sripada, Samanala und Samanta Kuta genannt) mit einer Höhe von 2243 Metern. Er ist ein kegelförmiger Granithärtling, der sowohl für die Buddhisten als auch für Hindus, Muslime und südindisch-lankesische Christen heilig ist. Jeder Bewohner der Insel möchte wenigstens einmal in seinem Leben am Gipfel stehen, um den Sonnenaufgang zu erleben. Besonders eifrige Pilger konnten ihn einige Dutzend Male besteigen und schlagen am Ziel die dort befindliche Tempelglocke so oft an, als sie den Gipfel erreicht haben. Der „heilige Berg“ wird schon im Epos Mahavansa erwähnt, und Sindbad der Seefahrer behauptete, daß auf diesem Berg Adam nach seiner Vertreibung aus dem Paradies erstmals seinen Fuß auf die Erde setzte und tausend Jahre auf einem Fuß stehend den Verlust des Paradieses beweint haben soll. Dabei hinterließ er im Gipfelfelsen seinen Fußabdruck. Auch Marco Polo erwähnte im 13. Jahrhundert den „heiligen Berg", dessen steile Wände man, sich an Eisenketten haltend, erklimmen kann, um das „Denkmal" Adams zu erreichen, von dem die Sarazenen meinten, es sei das Grabmal des Urvaters.

Die südindischen und lankesischen Christen sagen dagegen, daß es der Apostel Thomas war, der einen Fußabdruck hinterließ, während die Hindus beschwören, daß er von Gott Vishnu (oder Shiva) stammt. Für die Buddhisten der Insel ist es dagegen ein Fußabdruck von Buddha, der ja eine Inkarnation eines dieser Götter gewesen sein soll. Welcher Interpretation als Gläubiger man auch zustimmen will, auf der 21 Meter langen und 10 Meter breiten Fläche des Gipfels, die von einer buddhistischen Tempelanlage umgeben ist, erkennt man eine 1,45 Meter lange und 0,5 Meter breite Felsvertiefung in der Form eines Fußes.

In den regenärmeren Monaten November bis Februar finden die Wallfahrten auf den Gipfel des Adam's Peak vor allem in Vollmondnächten statt. Es gibt zwei Aufstiege, von denen der eine, der im Norden bei Maskeliya beginnt, zwar sehr steil und beschwerlich, aber um ein Drittel kürzer ist als der Stufenaufstieg, der beim Pilgerort Dalhousie seinen Ausgang nimmt. Aus dem Fels geschlagen, führen etwa fünftausend Steinstufen in einer Länge von sieben Kilometer steil den Berg hinan. Der Aufstieg der Pilger beginnt in den ersten Nachtstunden, um der Hitze des Tages zu entgehen. Am Gipfel wird der Sonnenaufgang erwartet, der mit „Sadhu-Sadhu"-(„Heilig-Heilig"-)Rufen aus den Pilgerkehlen begrüßt wird, während im Westen der Schatten des Bergkegels auf die umliegende Gebirgslandschaft fällt. Bei klarem Wetter reicht der Ausblick vom Gipfel bis nach Colombo und zur Felsküste. Beim morgendlichen Abstieg nach Süden erreicht der Pilger nach Palabadda die Plantagen von

Carney, von wo eine befahrbare Straße nach Ratnapura, der Edelsteinstadt führt, die zirka hundert Kilometer südwestlich von Colombo liegt.

Die Legende erzählt, daß schon König Salomon seine Sendboten nach Ratnapura entsandte, um jene Edelsteine zu erstehen, die er der Königin von Saba schenkte. In einem Reisfeld nahe der Stadt wurde 1926 der größte Saphir der englischen Kronjuwelen, der „Blue Bells of Asia", mit 400 Karat gefunden. Von Kuruwita stammt der 1907 entdeckte Saphir, der nach dem Schliff 466 Karat wog, während der Sternsaphir „Wonder of Asia" mit himmelblauer Farbe und sechs leuchtenden Strahlen ein Gewicht von 224 Karat hat. Aus Ratnapura stammt auch ein Katzenauge-Stein mit 105 Karat. Das Edelsteinschürfen ist so alt wie die Geschichte der Insel. Vor der Arbeit werden die Horoskope der Schürfer überprüft, um den „Erfolgreichsten" auszusuchen. Dann bestimmt der Astrologe den Zeitpunkt für den ersten Spatenstich auf einem geeigneten Landstrich. Vor der Zeremonie des Spatenstiches bringt man der Lokalgottheit ein Opfer, und der ausgewählte Hauptschürfer wird von einem Kaparala gesegnet. Dann wird eine Grube von drei mal viereinhalb Meter bei einer Tiefe von eineinhalb Meter ausgehoben. Anschließend wird der geschürfte Edelsteinkies, der allerdings in oberen Lagen meist nur „unreife" und nur gelegentlich „reife" Steine enthält, gesiebt, während in den unteren Lagen „reife" Steine gehäufter auftreten. Die Schürfer sieben die Kiese in runden Weidenkörben, wobei man eine Mischung von Katzenaugen, Saphiren, Rubinen, Spinellen sowie anderen Edel- und Halbedelsteinen ausklaubt. Nur der Mondstein, ein Halbedelstein, findet sich direkt im Felsgestein, hauptsächlich beim Dorf Meetiygoda, südlich der Küstenstadt Ambalangoda. Seltenere Steine sind der Alexandrit (ein Chrysoberyll) und der Katzenaugen-Alexandrit mit einem als „Chatoyancy" bezeichneten, seidigen Schimmern. Dieser kostbare Stein wurde in einem alten Sanskritgedicht als ein Edelstein gewürdigt, „der selbst von Göttern genommen wird". Spinelle gibt es in Sri Lanka in fast allen Farben, ebenso die Granate, die manchmal Strahlen besitzen. Der blaue Korund wird als Saphir, der rote als Rubin bezeichnet, wobei beide ebenfalls vier bis sechs Strahlen aufweisen können. Lankesische Christen glauben, daß diese Steine Stücke des Sterns von Bethlehem sind, während die Hindus der Auffassung sind, daß sie aus dem Munde des Schöpfergottes Brahma fielen.

An manchen Stellen treiben die Schürfer in manches Mal bis zehn Meter tiefen, dunklen Schächten mit Spitzhacken Seitenstollen, um zu weicheren, edelsteinführenden Schichten zu gelangen. Ihr Entgelt für Rohsteine ist aber gering und nur ein kleiner Bruchteil dessen, was Arbeitgeber, Schleifer, Experten, Juwelenhändler und Exporteure erhalten. Die Edelsteinschleifer in Ratnapura sind meist Muslime, deren Werkzeuge und handbetriebene Schleifmaschinen seit Jahrhunderten gleichgeblieben sind. Beim Facettenschliff wird eine Vielzahl prismatischer Ebenen freigelegt, beim Cabochonschliff für sternschimmernde Steine entsteht dagegen eine halbkugelförmige, polierte Oberfläche. Nach Weltmarktpreisen hat die Edelsteinförderung Sri Lankas einen Wert von 800 Millionen DM, damit dreimal soviel wie die Einnahmen aus dem Tee-Export und viermal soviel wie der Erlös aus der Kautschukausfuhr.

Der Norden und der Nordosten von Sri Lanka sind seit dem Bürgerkrieg zwischen Armee und den tamilischen Aufständischen militärisches Sperrgebiet. Landschaftlich unterscheiden sich die flachen, trockenheißen Regionen vom feuchtheißen Gebirgs- und Küstenland der zentralen und südwestlichen Inselgebiete. Im Zeitalter des Miozän (vor 20 bis 10 Millionen Jahren) bildeten sich damals unter dem Meeresspiegel aus Riffen Korallenkalke, die bei der Hebung über die Meeresoberfläche verkarsteten. In diesem Gebiet gibt es an höchstens sechzig Tagen im Jahr Regen, der während des Nordostmonsuns fällt. Das Regenwasser versickert im porösen Kalkboden und sammelt sich in unterirdischen Labyrinthen und Höhlen. Aus Brunnen gepumpt, gelangt es über Ableitungskanäle zur Bewässerung der Kulturen.

1804 berichtete der britische Offizier Robert Percival über den Norden in seinen „Reisen auf der Insel Ceylon“: „Es scheint hier etwas in der Atmosphäre zu seyn, das diese Landschaft von jedem anderen Teil der Insel unterschiedet.“

Die von Kokospalmen und von Lagunen mit Salinen durchzogene Küste im Nordosten geht im Norden in eine steppenartige Trockenlandschaft über, aus der nur die Palmyra-Palme emporragt. Im Norden verlängert sich die Küste sowohl bei der Jaffna- als auch – im Nordwesten – bei der Mannar-Halbinsel fingerförmig in die Palkstraße des Indischen Ozean. An die Halbinsel Mannar schließen kleine Inselchen an, die als „Adams Bridge“ bis zur Halbinsel vom Rameswaram in Tamil Nadu in Südostindien reichen.

Im Norden und teilweise im Nordosten von Sri Lanka leben seit mehr als zweitausend Jahren in mehreren Wellen eingewanderte Tamilen aus Südindien. Es sind Hindus drawidischer Herkunft, die sich nicht nur in ihrer Religion, sondern auch in Sprache und Schrift von den buddhistischen Singhalesen unterscheiden. Auf die Halbinsel Jaffna gelangten tamilische Abenteurer mit dem Südwestmonsun aus dem südindischen Königreich Chola. Bereits vor dem Mittelalter entstand ein unabhängiges, hinduistisches Fürstentum, dessen Herrscher gelegentlich den singhalesischen Königen tributpflichtig waren, aber für kurze Zeit, im 14. Jahrhundert, sogar die ganze Insel dominierten. 1591 kamen die Portugiesen nach Jaffna, der letzte Tamilenkönig wurde hingerichtet und fast alle Tempel und Bauwerke hinduistischer Kultur als „heidnische Denkmäler“ zerstört. Erhalten blieb in Jaffna das 1680 errichtete holländische Fort, die holländische Grote Kerk von 1706, das King's House, die ehemalige Residenz des Gouverneurs und das im 19. Jahrhundert erbaute, ehemalige britische Gefängnis. Vor der Eroberung der Stadt Jaffna, dem Mittelpunkt der 2500 Quadratkilometer großen Halbinsel, durch die srilankesische Armee am 5. Dezember 1995 lebten hier zirka 130.000 Menschen.

Am Stadtrand, in Nallur, der einstigen Hauptstadt des tamilischen Königreiches, ist vom ehemaligen Palast nur ein

Eingangstor erhalten. Der Kandaswamy Kovil ist ein altes Heiligtum der tamilischen Hindus. Nachdem der alte Tempel von den Portugiesen zerstört wurde, entstand ein hochragender Neubau im drawidischen Stil, geschmückt mit zahlreichen buntbemalten Götterstatuen. Im Februar gedenken die Hindus der Vereinigung ihres Gottes Shiva mit seiner Frau Parvathi und unterstreichen durch Wachen und Fasten die Reinheit des Götterpaares. Das größte Tempelfest, das vor dem Bürgerkrieg viele hinduistische Tamilenpilger aufsuchten, beginnt im August und dauert 26 Tage. Es wird vor allem für Skanda, den Kriegsgott und Sohn des Shiva, gefeiert. Jeden Tag, vor allem aber in der ersten Vollmondnacht, ziehen die Gläubigen mit weißen Strichen auf der Stirn haushohe Holzwägen mit Schnitzfiguren des Gottes Skanda in den Kandaswamy-Tempel. Den Abschluß bildet die Zeremonie des „Wasserschneidens" im Tempelteich, wobei mit einem vergoldeten Schwert ein Kreis im Wasser gezogen wird. Das Wasser innerhalb des Kreises füllt man in Gefäße und bewahrt es für ein Jahr im Tempel auf. Trocknet einer der Wasserbehälter aus, so gilt das als schlechtes Vorzeichen.

Im August finden hinduistische Feste auch in Thondmannar und Vallipuram statt, bei denen Asketen barfuß über glühende Kohlen schreiten. Im Oktober/November wird, beim Lichterfest Deepavali, Lakshmi, die Göttin des Reichtums, geehrt. Die drei hinduistischen Hauptgötter (Trimurti) sind Brahma, der Schöpfer, Vishnu, der Erhalter des Lebens, und Shiva, der Zerstörer (des Bösen). Die meisten Tamilen Sri Lankas sind Shivaiten und verehren neben Shiva auch seine weibliche Ergänzung, Parvathi, seinen elefantenköpfigen Sohn Ganesha, der auf einer Ratte reitet und den Menschen hilft, seinen zweitgeborenen Sohn Skanda (auch Karttikeya, Subrahmany und Kataragama genannt), den Kriegsgott, der auf einem Pfau sitzt, und seine Tochter Lakshmi, die Glück, Reichtum und Schönheit verleiht.

Die Kastentrennung ist bei den lankesischen Tamilen nicht so stark ausgeprägt wie in Indien, beeinflußte auf Sri

Lanka zum Teil aber auch die Buddhisten. Es ist allerdings auf der Insel mehr ein Berufs- oder Zunftwesen, wie bei den Bauern (Gyiigama) oder den „niederen Ständen" – Fischer (zum Teil Christen), Zimtschäler, Mattenflechter, Toddy-Zapfer, Töpfer oder Wäscher.

Zwischen Korallenriff und Bergwald

Riff – Lagune – Mangrove

Der 1970 Kilometer langen Küstenlinie von Sri Lanka sind zum Großteil Saumriffe vorgelagert. Ihre Ausdehnung gegen das offene Meer hängt vom Steilabfall des Meeresbodens und der Intensität des Korallenwachstums ab. Zuerst entsteht unmittelbar am Ufer ein schmaler Riffsaum, der von der Grenze des Niedrigwassers bei Ebbe seewärts wächst. Die Oberfläche des Riffes bleibt dabei gleichmäßig knapp unter der Wasserlinie. Hat sich die Riffkante im Laufe der Zeit weit gegen das freie Meer vorgeschoben, so senkt sich die Riffoberfläche durch die einsetzende Erosion und es entsteht eine Lagune. Sie kann einige Meter Tiefe erreichen und sich über hundert Meter ausdehnen. Die größten Lagunen und „Backwaters" bei Flußmündungen befinden sich im Norden und Nordosten der Insel, aber auch an der Westküste bei Puttalam und Negombo.

Beim Schwimmen über das Riff fallen dem Taucher zuerst die Zweig- oder Hirschgeweihkorallen (*Acropora*-Arten) auf, deren poröse Skelettverästelungen mit zunehmender Wassertiefe abflachen, wobei ältere Stöcke bis 2,5 Quadratmeter bedecken können. Im Flachwasserbereich finden sich auch Blumen- oder Margeritenkorallen (*Goniopora*-Arten) mit relativ großen, grünlich-braunen, tagaktiven Polypen und die Porenkorallen (*Porites*-Arten) mit sehr kleinen Polypen. Dämmerungsaktive Arten, wie die Pilzkorallen (*Favia-*, *Favites*-Arten), bilden massive, blattartige Krusten, aber auch flache bis halbkugelige Polster. Ein eigenartiges Skelett zeigt die zu den Sternkorallen gehörige Hirnkoralle (*Diploria cerebriformis*), deren sich neu abknospenden Polypentiere nur unvollständig voneinander trennen, sodaß sich ihre Mundöffnungen mäanderförmig aneinanderreihen und ihre

Fangtentakel wie Fransen an den Seiten abstehen. Die bräunlich bis grünblau gefärbte Wulstkoralle (*Trachyphyllia geogroyi*) mit einem spitz zulaufendem Skelett tritt häufig im Vorriff auf. Typische Riffbildner sind außerdem die Bukettkorallen (*Euphyllia*-Arten), wie die braune Kammkoralle (*Eu. cristata*) mit verzweigten Fangarmen der Polypen und die Hammerkoralle (*Eu. fimbriata*), deren grüne Polypen-Fangtentakel an der Spitze hammerförmig verbreitert sind.

Beim Abtauchen an den äußeren Riffhängen trifft man bis in 15 Meter Tiefe nicht selten auf Blasenkorallen (*Plerogyra*- und *Physogyra*-Arten). Bei beiden stark nesselnden Arten überwölben typische Blasen die Mundspalten. Eine charakteristische Schalen- oder Schüsselform von etwa 25 Zentimeter Durchmesser besitzen die Kraterkorallen (*Tubinaria*-Arten), die sich sogar im sedimentreichen, verschmutzten Wasser noch finden und auch kurzzeitiges Trockenfallen überdauern können.

Sandiger, sedimentreicher Geröllgrund im Vorriff ist der Lebensraum der Pilzkorallen (*Fungia*-Arten). Sie bestehen aus einem einzigen Polypen, wobei das Randwachstum durch sukzessives Anlegen neuer Septen zustandekommt. Der Weichkörper ist wie bei allen Korallenpolypen von feinen Wimpern dicht überzogen. Diese schlagen bei Futterreiz mundwärts, beim Auftreffen von Sedimentpartikeln dagegen zum Rand und säubern so die Oberfläche. Auch die kelchförmigen, bis 5 Zentimeter hohen Becherkorallen (*Cynaria*-Arten) bestehen aus nur einem Polypen, dessen symbiontische Algen eine lebhafte Rot-Grün-Färbung bewirken.

In den oberen Wasserschichten finden sich stets die flachen, gelblichgrünen Kolonien der Krustenanemonen (Zooantharia), deren kleine Polypen mit kriechenden Ausläufern meist ein gemeinsames Magensystem besitzen. Die achtstrahligen Korallen (Octocorallia) bilden ein Innenskelett aus Kalk oder einer hornartigen Substanz. Neben Freßpolypen mit Fangarmen finden sich tentakellose

Schlauchpolypen, die eine Wasserfüllung der Kolonien bewirken. Auf abgestorbenen Kalkriffen leben häufig die untertassengroßen Kolonien der Röhrenkorallen (*Clavularia*-Arten), die sich fast ausschließlich durch symbiontische Algen ernähren. Bei den Orgelkorallen (*Tubipora*-Arten) besitzen die grünlichen Polypen ein rotes Innenskelett aus festen Röhren, die wie Orgelpfeifen aneinanderliegen. Bis 20 Zentimeter erreicht die rötliche Tropen-Meerhand (*Alcyonium palmatum*) mit einem dicken, fleischigen Stamm und fingerförmig abstehenden Seitenzweigen. Lederkorallen (*Sarcophytum*-Arten) mit weißlichen Polypen finden sich sogar in durch Abwassereinleitungen verschmutzten Küstenabschnitten, wobei sie Schmutzpartikel durch Abschleimen entfernen können.

Zwischen den Lagunen und den Riffabhängen wachsen auf abgestorbenen Korallenstöcken oder Gerölluntergrund die strauchförmigen Arten der Gattung *Sinularia,* deren Polypen nur im Astwerk sitzen („Christmas-tree"). Die polster- bis rasenartigen, oft farbenprächtigen Kolonien der Weichkorallen (Xeniidae) enthalten nur winzige Skeletteinlagerungen und sind meist Bewohner extremer Flachwasserbiotope des Riffes. Die einzeln lebenden Zylinderrosen (Ceriantharíae) stecken in einer Röhre, aus der der obere Polypenkörper mit Mundscheibe und Fangtentakeln herausragt. Die Wohnröhren aus Sediment und Schleim reichen oft bis 30 Zentimeter tief in die Korallenschlicksande zwischen den Riffen. Die meisten Zylinderrosen (wie *Cerianthus orientalis*) treten in verschiedenen Farbvarianten auf und ernähren sich hauptsächlich von Kleinkrebsen und Jungfischen. Skelettlos sind die Riffanemonen (Stoichactidae), deren einfache Tentakel den Mund in mehreren Kreisen umstehen. Am Untergrund haften sie mit einer klebrig-schleimigen Fußscheibe. Die Riesenanemone (*Stoicactis giganteum*) auf spaltenreichem Korallengrund erreicht einen Durchmesser von über 1 Meter, kann sich aber bis auf 10 Zentimeter kontrahieren. Die rotbraune bis violette Ritter-Riffanemone (*Radianthus ritteri*) siedelt auf festem Korallenkalk, ihre bis 6 Zentimeter langen, schwefelgelben Tentakel sind kolbenartig verdickt.

Stark verkalkte Vegetationskörper besitzen die Arten der grünen Schlauchalgen (*Udotea, Penicillus*). Eine feste Verbindung zwischen den Riffkorallen erfolgt zum Großteil durch kalkabscheidende Rotalgen (*Porolithon-, Melobesia-*Arten), die als graue bis rötliche Krusten zwischen den Steinkorallen eine harte Schutzschichte bilden. Daher können sie am äußeren Riffdach einen „Algenrücken" formen, der auch der starken Brandung standhält. Die Pfennigalgen (*Halimeda*-Arten) mit einem „pfennigartig" gegliederten, in einer Ebene verzweigten Vegetationskörper lagern feinkristalligen Kalk ab, wobei die „Blättchen" aber trotzdem biegsam bleiben. Sie füllen das Lückensystem des Steinkorallengerüstes. Innerhalb der Kalkskelette der riffbildenden Organismen „bohren" verschiedene Blau- (*Cyanophyceae*), Rot- (*Rhodophyceae*) und Grünalgen (*Chlorophyceae*), wie zum Beispiel *Ostrebium*-Arten (eine Siphonales), mit Hilfe der kalklösenden Atmungskohlensäure. Oberflächenbewohnende Grün- und Braunalgen werden meist durch pflanzenfressende Rifftiere (Schnecken, Seeigel, Fische) abgeäst, können aber durch stärkere Zufuhr von Stickstoff- und Phosphorverbindungen (Abwässer von Häfen, Touristenhotels) überhandnehmen. Braunalgen, wie zum Beispiel *Sargassum, Turbinaria,* treten nur in Rifflagunen häufiger auf.

Zu den festsitzenden Tierformen des Riffes und der dazwischenliegenden Sedimentgründe gehören die Schwammtiere (Porifera). Sie besitzen als ursprüngliche Vielzeller noch keine Organe, sondern nur Gewebe, die eine Außenhaut überzieht. Eingebettet liegt ein Röhrensystem, das sich zu „verdauenden" Hohlräumen erweitert, die von Kragengeißelzellen ausgekleidet sind. Durch zahlreiche Poren an der Oberfläche wird von diesen „Staubsaugern am Meeresgrund" Wasser mit schwebenden Kleinstorganismen eingeflimmert, durch das „verdauende" Röhrensystem geleitet und schließlich durch ein oder mehrere kaminartige Ausfuhrlöcher wieder ausgestoßen. Beim Durchströmen werden aus dem Wasser Sauerstoff und Nahrung entnommen sowie Stoffwechselprodukte abgegeben, wobei durch einen großen Schwamm bis zu 80 Liter Meerwasser pro Stunde strömen. Im Riff besiedeln sie meist nur die abgestorbenen Teile von Korallenbauten, wobei sie durch Abscheiden von giftigen Substanzen und rasches Wachstum auch benachbarte, lebende Korallenstöcke verdrängen können. Zu den Korallenzerstörern gehören die Bohrschwämme (*Cliona*-Arten). Ihre Anwesenheit zeigen gelbe oder grüne, stecknadelkopfgroße Punkte auf der Oberfläche des Kalkstockes. Durch Ätzung des Kalkes bildet ihr Gewebe ein verzweigtes Kanalsystem im Kalkskelett, aus dem nur die Ein- und Ausfuhröffnungen des Bohrschwammes herausragen.

Die Seescheiden (Ascidiacea) sind in Riffspalten sitzende, häufig stockbildende Manteltiere (Tunicata, ein Unterstamm der Chordatiere = Chordata). Sie haben geschwänzte, freischwimmende Larven mit einem Stützstab (Chorda). Beim Festsetzen auf festem Grund wird der Schwanz abgestoßen, und wurzelähnliche Auswüchse ermöglichen die Verankerung. Der Körper der Seescheiden ist von einem kräftigen Mantel aus Tunicin, einem zelluloseähnlichen Material, umhüllt. Durch die nach oben gerichtete Mundöffnung gelangt Wasser mit Schweborganismen in einen weiten, sackförmigen und netzartigen Kiemendarm, wo neben der Atmung das Abfiltrieren der Nahrung erfolgt. Bei vielen Arten entstehen durch Knospung Kolonien, wie bei den gelblichen und rotgetupften *Polyandra*-Arten, die den Untergrund krustenartig überziehen.

In Gemeinschaft mit Porenkorallen (*Porites*-Arten) leben häufig Kalkröhrenwürmer (Polychaeta), deren gegliederter Wurmkörper in einer Kalkröhre steckt. Aus ihr ragt eine doppelspiralige, fein gegliederte, rötliche Tentakelkrone ins freie Wasser, mit der sie Schweborganismen zur Mundöffnung flimmern. Bei Reizung ziehen sich die Tentakel blitzschnell in die schützende Röhre zurück und verschließen sie mit einem deckelförmigen Kopfanhang. Manche

Röhrenwürmer sitzen in freistehenden, bis 20 Zentimeter langen, porzellanartigen Röhren und besitzen fiedrige, weiß bis orange gescheckte Tentakel. Zarte, geflechtartige Röhrenkomplexe bildet der Röhrenwurm *Filograna implexa*, wobei die Jungwürmer neben den Elterntieren ihre langgestreckten, wellig gebogenen Röhren produzieren. Der Indische Stern-Federwurm (*Sabellarte indica*) steckt in einer hornartigen, senkrecht über den Boden ragenden Röhre und breitet eine braune bis orangeweiße, gebänderte, flache Tentakelkrone aus.

Die Wurmschnecken (Vermetidae) sitzen in kalkigen, korkenzieherartig gewundenen Wohnröhren, die am Untergrund des Riffes „festzementiert" sind. Bei der daumendikken Großen Wurmschnecke (*Vermetus (Dendropoma) maximus*) erreicht die Wohnröhre über 20 Zentimeter, bei einem Durchmesser von 2 Zentimetern. Die Wurmschnecken sind „Schleimnetzfänger", wobei sie von einer Drüse ihres kleinen Fußes, der mit Kopf und Fühlern aus der Röhre ragt, klebrige Schleimfäden netzartig ins umgebende Wasser aufsteigen lassen. Von Zeit zu Zeit wird dieses „Fangnetz" mit daran klebenden Schweborganismen mit der Raspelzunge (Radula) eingezogen und als Nahrung aufgenommen.

Die Riesenmuscheln (*Tridacna magna, Tr. squamosa*) heften sich am Untergrund des Riffes zwischen Steinkorallen fest und sind von ihnen oft vollkommen umwachsen. Dem Taucher fällt nur der Schalenrand mit dem leuchtend blaugrünen Mantelrandgewebe auf. Diese Färbung bewirken einzellige, symbiontische Algen (*Symbiodinium*-Arten), die im Lückenraumsystem des äußeren Muschelgewebes liegen (Mantelrand). Als pflanzliche Einzeller, die mit der Wirtsmuschel im Stoffaustausch stehen, benötigen sie für ihre Photosynthese Sonnenlicht, daher finden sich Riesenmuscheln nur in den lichtdurchfluteten, oberen Teilen des Riffes. *Tridacna crocea*, eine kleinere Art, gräbt sich nur oberflächlich ein und verhindert durch Bewegungen mit ihrer dickwandigen, stark skulptierten Schale ein vollkommenes Umwachsen, während die verwandte Pferdemuschel

(*Hippopus hippopus*) lose am Riffdach liegt. Bei beiden Muschelgattungen sind die Mantelränder verwachsen, mit Ausnahme einer Einfuhr- und Ausströmöffnung für das Atemwasser für die Kiemen in der Mantelhöhle. Die Seedatteln (*Lithophaga*-Arten) „ätzen" mit ihrem Mantelgewebe, das Atmungskohlensäure abgibt, einen Gang in den Korallenkalk und flimmern Wasser (mit Schweborganismen) zu ihren Kiemen, die dabei auch die Kleinstnahrung abfiltrieren.

Das weitverzweigte Lückenraumsystem im Korallenriff bietet vielen Klein- und Kleinsttieren einen geschützten und nahrungsreichen Lebensraum. Die räuberischen, bis 5 Zentimeter Länge erreichenden, stark abgeflachten Strudelwürmer (Turbellaria) sind oft auffallend gefärbt, wie die rotweiß gerandete *Callioplana marginata* sowie *Paraproporus*- oder *Thysanozoa*-Arten. Sie vermögen nicht nur mit ihren Wimperhaarfeldern, die auf abgesonderten Schleim schlagen („strudeln"), auf dem Untergrund zu gleiten, sondern auch mit wellenartigen Bewegungen des Körperrandes zu schwimmen. Farbenprächtig sind auch die vielen Arten der dünnen, räuberischen Schnurwürmer (Nemertini), bei denen einige Vertreter eine Länge von einem halben Meter (!) bei einem Durchmesser von nur wenigen Millimetern erreichen können (*Lineus*-Arten). Sie bewegen sich mit Hilfe ihres Wimperkleides und Muskelkontraktionen schlängelnd und überwältigen ihre Beute (Schnecken, Würmer) mit Hilfe eines aus einer Scheide ausstülpbaren, langen Rüssels. Dabei wird das Opfer umschlungen und mit Hilfe eines an der Rüsselspitze befindlichen Stiletts „erdolcht".

Die Käferschnecken (Placophora), deren Weichkörper von acht Kalkplatten bedeckt sind, sitzen, wie *Craspedochiton laqueatus*, vereinzelt in Spalten des Riffdaches, wo sie mit ihrer Raspelzunge Aufwuchsalgen abschaben. Besonders artenreich sind die Schnecken (Gastropoda) im Riff vertreten. Größere Arten werden von der Küstenbevölkerung für Nahrungszwecke, aber auch wegen ihrer bunten Schalen gesammelt, die man am Strand den Touristen anbietet.

Daher sind manche seltenere Arten bereits sehr gefährdet. Die Radiärstreifen-Napfschnecke (*Cellana radiata*) findet sich sowohl im Flachwasser des ufernahen Riffdaches als auch auf glatten Urgesteinsfelsen der Küste. Sie ist vergesellschaftet mit Strandschnecken, wie *Littorina scabra, L. undulata, Nodilittorina nodulosa, N. granularis*, sowie Kahnschnecken (*Nerita*-Arten). Die Schalen der algenweidenden Kreiselschnecken (*Trochus radiatus*) besitzen eine dicke, innere Perlmutterschicht und zählen ebenso wie die Turbanschnecken (*Turbo intercostalis*) an stark veralgten, abgestorbenen Riffen zu den Charakterarten. Ihr dicker, kreisförmiger, innen blaugrauer Kalkdeckel (zum Verschluß der Schalenöffnung) wird von den Einheimischen zu Schmuckstücken (Katzenaugen) verarbeitet. Die buntgefärbten, glattschaligen Porzellan- oder Kaurischnecken (Cypraeidae) zählen zu den gefährdeten Arten der Riffe, da sie oft massenhaft zum Zwecke des Souvenirverkaufes an Touristen von den Fischern (meist Jugendlichen) aufgesammelt werden. Beim Kriechen der nachtaktiven Kauris legt sich der mit Tastfransen versehene Mantelrand des Weichkörpers über die Schale. Die Arabische Kauri (*Cypraea arabica*) findet sich wie die Luchs-Kauri (*C. lynx*), die Weißpunkt- (*Mytaponda vitellus*), die Schlangenkopf- (*Erosaria caputserpentis*) und die Augenfleck-Kauri (*E. ocellata*) auf Korallenstöcken, wo sie Polypen und andere kleine Riffbewohner abweiden. Die gelblichen Geld-Kauris (*Monetaria moneta, Cypraea annulus*) wurden früher auf manchen indopazifischen Inseln auch als Geldwährung verwendet, heute aber häufig zu Schmuckstücken verarbeitet. Reusenschnecken (Nassidae) und Nabelschnecken (Naticidae), wie *Polynices mamilla*, finden sich nur auf verschlammten Kalksandböden zwischen den Riffen. Letztere vermögen durch Absondern von kalklösenden Säuren in die Schale von Muscheln kreisrunde Löcher zu ätzen, um den Weichkörper auszufressen. Im gleichen Lebensraum leben, eingegraben, die Olivenschnecken (Olividae), von denen nur ihr Atemrohr (Sipho) wie ein Schnorchel aus dem Weichboden ragt.

Ihre glatten, bunten Schalen sind ebenfalls begehrte Sammelobjekte.

Die Stachel- oder Leistenschnecken (Muricidae) sind Räuber und Aasfresser mit einer Raspelzunge aus dolchförmigen Zähnen. Die *Drupa*- und *Thais*-Arten finden sich meist bei den nesterförmigen Ansammlungen ihrer Hauptnahrung, der Grünen Miesmuschel (*Mytilus viridis*). Ein sehr attraktives Gehäuse mit breiten, gefurchten Stachelfortsätzen besitzt die bei Sammlern begehrte, 7 bis 10 Zentimeter große Rosenzweig-Schnecke (*Chicorea palmarosae*), die hauptsächlich abgestorbene Rifftiere frißt. Die Mitraschnecken (Mitridae) benützen ihren langen, schlauchförmigen Rüssel zum Erbeuten von Würmern und Muscheln. Die Faltenschnecken (Velutidae), wie *Melo*-, *Aulica*- und *Harpulina*-Arten, besitzen große, farbenprächtige Schalen mit Faltenbildungen; sie sind relativ selten und ebenfalls begehrte Sammlerobjekte. Die Gehörnte Helmschnecke (*Cassis cornuta*) ernährt sich von Seeigeln. Aus ihren dicken Schalen werden Kameen geschnitten, man verwendet sie aber auch als Außendekor für Tischlampen, die in den „Shell-Shops“ der Touristenhotels angeboten werden.

Vorsicht ist beim Aufsammeln der Flügelschnecken (Strombidae) geboten, da sie auf ihrem schmalen, muskulösen Fuß einen scharfen, sichelartigen Deckel tragen, den sie gegen Angreifer schnellen. Die dicken Schalen dieser algenfressenden Schnecken haben eine Einbuchtung am unteren Ende des stark erweiterten Außenrandes. Sie sind bei den Teufelskrallen oder Spinnenschnecken (*Lambis*-Arten) zu fingerförmigen, gebogenen Fortsätzen ausgezogen. Auffällig sind ihre farbenprächtigen, gestielten Augen. Bei den räuberischen Kegelschnecken (Conidae), wie der Ceylon-Kegelschnecke (*Conus ceylanicus*) mit einer umgekehrt kegelförmigen Schale und engem Mündungsschlitz, ist der Zungenapparat (Radula) zu einer spitzen Kanüle umgeformt. Sie liegt in einem rüsselförmig weit vorschnellbaren Mund und funktioniert, in Verbindung mit einer Giftdrüse, wie eine Injektionsnadel. Mit dem Einstechen des spitzen Radulazahnes wird ein lähmendes Gift (Conotoxin) in die Beute (Würmer, Schnecken, Jungfische) eingespritzt, die nach ihrer Lähmung von der Schnecke als Ganzes verschluckt wird. Die buntgefärbten Gehäuse mit variablen Zeichenmuster sind bei Sammlern ebenfalls sehr gefragt, und für seltene Arten werden mehrere hundert Dollar (!) bezahlt. Beim Aufsammeln lebender Kegelschnecken durch Taucher ist Vorsicht geboten, da das Gift einiger Arten bei einem etwaigen Stich auch beim Menschen eine Blockierung der quergestreiften Muskulatur hervorrufen kann. Einen „Giftzahn" besitzen auch die Schraubenschnecken (Terebridae), die auf Korallensandböden leben, wie *Diplomeriza duplicata*. Ihr langgezogenes, spitzes Gehäuse, zusammengesetzt aus vielen Windungen, ist mit einer variablen Fleckenzeichnung versehen.

Auf und in verschlammten Lagunenböden leben einige schalentragende Hinterkiemerschnecken (Opisthobranchia-Cephalaspidea), wie *Solidula-*, *Bulla-* und *Haminea*-Arten. Fast alle Vertreter der oft lebhaft buntgefärbten Nacktkiemer (Nudibranchia) sind Nahrungsspezialisten. Die Flecken-Sternschnecke (*Kentrodoris maculosa*) ernährt sich ausschließlich vom Gewebe des Schwammes *Neopetrosia similis*, der auf schattigen Überhängen des Riffes wächst. Dagegen fressen die Fadenschnecken (Aeolidia) – wegen ihrer schlauchförmigen Rückenanhänge (Ausstülpungen der Mitteldarmdrüse) so genannt – hauptsächlich Polypen der Nesseltiere. Die dabei aufgenommenen (nicht explodierten) Nesselzellen speichern sie in den Spitzen ihrer Rückenanhänge. Bei Gefahr können sie diese „gestohlenen" Nesselzellen (Kleptocniden) abschießen!

Die Felsenauster (*Ostrea forskalii*) sitzt knapp an der Wasserlinie – oft in dichten Beständen – auf stark bebrandeten Urgesteinsfelsen. Zwischen ihnen heften sich die Grünen Miesmuscheln (*Mytilus viridis*) mit ihren Byssusfäden an. Bei Ebbe schließen die Muscheln ihre Schalen und öffnen sie bei Flut wieder, um Wasser mit kleinsten Schweborganismen zu ihren Kiemen zu strudeln, wobei diese Nahrung abfiltriert wird. Die meisten Muschelarten stecken oder graben im Korallensand zwischen den Riffen, wie die Steck- (Pinnidae), Herz- (Cardiidae), Venus- (Veneridae), Koffer- (Donacidae) und Scheidenmuscheln (Solenidae). Manche Vertreter dieser Muschelgruppen werden von Einheimischen für Nahrungszwecke gesammelt, da ihr Fleisch reich an Eiweiß ist.

Über den Sandböden und zwischen Seegraswiesen lauern Zehnarmige Kopffüßer (Cephalopoda-Decabrachia; fälschlich Tinten„fische“ genannt). Die Arten der Gattung *Sepia* können, wie alle Zweikiemigen Kopffüßer (Dibranchiata), bei Gefahr durch einen Trichter auf der Körperunterseite aus der Mantelhöhle (Rückstoß- oder „Raketenprinzip“) Wasser ausstoßen, wobei sie gleichzeitig den Tintenfarbstoff abgeben. Dadurch verschwinden sie in einer dunklen „Farbwolke“. Neben den acht Kopfarmen besitzen sie zwei vorschnellbare Fangtentakel mit denen sie ihre Beute (Krebse, Fische) ergreifen, die sie mit ihrem papageienschnabelähnlichen Kiefer aufbeißen, um mit ihrer Raspelzunge die Weichteile in den Schlund zu transportieren. Die Achtarmigen Kraken (*Octopus*-Arten) sind tagsüber in Höhlen des Riffes verborgen und kommen erst in der Dämmerung aus ihren Verstecken. Ihre Beute sind meist Krebse, die sie, nach dem Aufbeißen mit den hornigen Kiefern, mit einem Giftsekret lähmen. Beim Fang von Kraken ist daher auch für den Taucher Vorsicht geboten. Sowohl die küstenbewohnenden Kraken und *Sepia*-Arten, aber auch die Hochseebewohner, wie Kalmare (*Loligo*-Arten), werden kommerziell gefischt.

Unter den Stachelhäutern (Echinodermata) frißt der Walzenseestern (*Choriaster granulatus*) an Korallenpolypen, während die Kissenseesterne (Oreasteridae), die, wie *Culcita coriacea,* kissenförmig gewölbt und sehr dick sind, selbst stark nesselnde Anemonentiere, aber auch Miesmuscheln ausfressen. Die Oberfläche des Gelben Warzenseesternes (*Pentaceraster horridus*) ist mit stumpfen Dornen bewehrt, beim Genetzten Rothörnerseestern (*Protoreaster lincki*) sind die roten Höcker durch Linien netzartig verbunden. Der

Rote Maschenstern (*Fromia monilis*) ist wie der häufige Blaue Seestern (*Linckia laevigata*) ein Kleinpartikelfresser. Bei den Schlangensternen (Ophiuroidea) setzen sich die langen, schlanken, runden und zerbrechlichen Arme scharf von der Körperscheibe ab. Tagsüber im Lückenraumsystem des Riffes versteckt, erscheinen sie bei Einbruch der Dunkelheit, um Kleinstpartikel als Nahrung aufzunehmen. Der Blaugrüne Stachelschlangenstern (*Ophiorachna incrassata*) besitzt bei einem Körperdurchmesser von nur wenigen Zentimetern bis über 20 Zentimeter lange Arme, während sie beim schwarzbraun gefleckten Skolopender-Schlangenstern (*Ophiocoma scolopendrina*) fast 30 Zentimeter Länge erreichen können. Sie weiden mit ihrer Unterseite die Flutwasseroberfläche ab. Haarsterne (Crinoidea), wie *Antedon bifida*, sitzen in Lücken des Riffes und breiten in der Nacht ihre gefiederten Arme aus. Diese bilden einen dichten Trichter zum Fang von Schweborganismen (Plankton).

Die Seeigel (Echinoidea) weiden mit ihrem kräftigen Kauapparat („Laterne des Aristoteles") auf den Algenrasen des Riffes. Relativ kurze Stacheln besitzt der nußgroße Felsenseeigel (*Echinometra mathaei*), während die dünnen, spitzen Stacheln beim Diademseeigel (*Diadema setosum*) zwei- bis dreimal so lang wie die bis 35 Zentimeter messende Körperkugel sind. Beim Tauchen im Riff ist Vorsicht geboten, da die leicht abbrechenden Stacheln in der Haut einen brennenden Schmerz hervorrufen. Verschiedene Garnelen, Kardinal- (*Apogon*-Arten) und Schnepfenmesserfische (*Aeoliscus*-Arten) suchen bei Gefahr Schutz zwischen den Stacheln. Der Griffelseeigel (*Heterocentrotus mammilatus*) trägt braun-weiße, 12 Zentimeter lange und eineinhalb Zentimeter breite, „griffelartig" verdickte Stacheln. Die Lanzenseeigel, wie *Phyllacanthus imperialis* oder *Prionocidaris baculosa*, sind durch bleistiftstarke Stacheln geschützt und ernähren sich von Schwämmen und Lederkorallen. Der Giftzangen-Seeigel (*Toxopneustes pileolus*) vermag mit seinen winzigen Greifzangen schmerzhaft zu beißen und auch beim Menschen Lähmungen hervorzurufen, die erst nach

Stunden abklingen. Im Korallensand der Lagunen gräbt der „irreguläre“ (nicht radiärsymmetrische) Sandseeigel (*Lovenia elongata*), dessen dünne Stacheln fellartig dem Körperpanzer anliegen, während einige wenige zu Grabstacheln verlängert sind. Die Seewalzen oder Seegurken (Holothurioidea) ernähren sich als Substratfresser und können zur Abwehr eine klebrige Fadenmasse gegen den Angreifer abstoßen. Auf Weichböden leben die graubraunen, 30 Zentimeter langen *Actinopyga*-Arten, wie die giftige Schlangengurke (*Halodeima atra*), und lassen die obersten Sandschichten durch ihren Darm passieren, während *Bohadschia subrubra* und *B. drachi* selbst auf senkrechten Korallenflächen kriechen, um mit ihren saugfußartigen Mundtentakeln Feinbewuchs abzuweiden. Die orangegelbe Warzen-Seegurke (*Halodeima impatiens*) ist von Knötchen bedeckt, und die rötliche Riesenseegurke (*Stichopus variegata*) erreicht bis einen und die gefleckte Wurmseegurke (*Synapta maculata*) sogar bis über 2 Meter Länge. Sie verhaken sich mit ankerförmigen Skelettelementen ihrer dünnen Haut und tupfen mit gefiederten Tentakeln den Untergrund ab.

Zu den Zehnfußkrebsen (Decapoda), die man an den Riffen und Lagunen antrifft, zählen die Echten Garnelen (Natantia) und die Ritterkrebse (Reptantia). Bei der Marmorgarnele (*Saron marmoratus*) mit einem gesägten Panzerkamm tragen nur die Männchen lange Scheren; bei den rötlichen Tanzgarnelen (*Rhynchocynetes uritai*) ragt ein beweglicher Fortsatz vom Kopf. Weit verbreitet ist die rotweiß gebänderte Schirmfühlergarnele (*Stenopus hispidus*) mit langen Antennen, eine „Putzergarnele“ wie die zwittrige Harlekingarnele (*Lysmata grabhami*), zu deren versteckten Standorten zwischen Korallenstöcken kleine Riff-Fische kommen, um sich „putzen“, das heißt von Schleim und Außenparasiten reinigen zu lassen. Symbiosegarnelen der Gattung *Periclimes* sitzen auf Seeanemonen, Weichkorallen, ja sogar auf größeren Nacktschnecken und ahmen deren Farbe nach. Der Pistolenkrebs (*Alpheus sublucanus*) versteckt sich zwischen Ästen der Zweigkorallen (*Acropora*), mit seiner vergrößerten linken Schere vermag er ein Knackgeräusch zu erzeugen, wobei er einen Wasserstrahl auf vorbeischwimmende Beute „abschießt", um sie dann mit den Scheren zu ergreifen. Die 6 Zentimeter große, rosaweiße Blattfühler-Garnele (*Hymenocera picta*) mit blau gerandeten Flecken und gebänderten Schreitbeinen besitzt auffällig verbreiterte Fühler und zugespitzte Scheren.

Meist knapp unter der Wasserlinie wandern Einsiedlerkrebse der Gattung *Dardanus*, wie der rotgetupfte *D. megistos*, der gelbliche *D. deformis* sowie der Breitfüßige Einsiedler (*D. lagopodes*). Ihr weicher Hinterkörper steckt geschützt in einem „Eigenheim", einer leeren Schneckenschale, aus der nur der gepanzerte Kopfbrustbereich mit den Beinen, Fühlern und Scheren, von denen die linke stärker entwickelt ist, herausragt. Häufig sitzen auf der Schale symbiontische Schmarotzerrosen (*Calliactis*-Arten). Auch die Anemonenkrabbe (*Neopetrolisthes maculatus*) lebt in Gemeinschaft mit nesselbewehrten Anemonen. Sie gehört zu den Porzellankrabben (Porceallanidae) mit einem dünnen Hinterkörper, der unter den Kopfbrustabschnitt gelegt wird, und fängt mit ihren langborstigen Kieferfüßen Schweborganismen.

Verschiedene kleine Krabben, wie die winzigen Korallenkrabben, führen eine festsitzende Lebensweise: *Cryptochirus coralliodytes* wird von der Steinkoralle, in der er sich eingenistet hat, mit einer Kalkröhre abgekapselt („Korallengalle"), wobei sein Kopf die Röhre pfropfartig verschließen kann. *Troglocaris fagei* sitzt in Pilzkorallen, und das Weibchen von *Hapalocarcinus marsupialis* wird von der Wirtskoralle vollkommen umwachsen. Durch kleine Löcher strudelt das Krebschen mit seinen Beinen kleinste Planktonorganismen aus dem Wasser. Knapp an der Wassergrenze bebrandeter Felspartien sitzen die Seepocken (Balanidae), Rankenfußkrebse (Cirripedia), deren Krebskörper von einem kalkigen Plattenring eingeschlossen ist, der oben von zwei beweglichen Plattenpaaren verschlossen werden kann. Mit ihren Extremitäten, den fächerartig stehenden, gegabelten „Rankenfüßen", die im geöffneten Zustand (bei Flut) aus dem Kalkpanzer gestreckt werden, strudeln und filtern sie aus dem vorbeiströmenden Wasser Schweborganismen. Sie können dabei durch Drehung ihres Beinfächers auf wechselnde Wasserströmungen der Brandung reagieren. Bei Gefahr und beim Trockenfallen während der Ebbe ziehen sich die Krebschen ins Gehäuse zurück, das sie verschließen, um nicht auszutrocknen.

Langusten (Palinuridae) werden an den Küsten von Sri Lanka häufig von den Fischern in ausgelegten Fangkörben geködert und frisch auf dem Markt angeboten. Sie besitzen lange Antennen mit Geräuschorganen, die einen lauten Knarrton erzeugen können. Bei der Blauen Schmucklanguste (*Palinurus ornatus*) ziert den Hinterkörper eine weiße Querstreifung, während die Violette Rifflanguste (*P. versicolor*) zahlreiche schwarze Flecken und eine gelblichrote Musterung aufweist. In den tieferen Geröllgründen der Riffe lebt der tiefrote und weiß-rot gefleckte Riffhummer (*Enoplometopus occidentalis*). Auffällig sind die großen, behaarten Scheren mit nach innen gebogenen Spitzen. Mit seinem ausgeprägten Geruchs- und Tastsinn sucht der nachtaktive Krebs nach Aas, fängt aber auch Bodenfische und zupft Algen.

Beim Schnorcheln und Gerätetauchen begegnet der Sporttaucher in den Riffen vor allem der bunten Vielfalt der sogenannten „Korallenfische", ein Begriff, der eine Klassifizierung nach ihrem Lebensraum bezeichnet, da die riffbewohnenden Arten verschiedenen Fischfamilien angehören. Die Drückerfische (Balistidae) vermögen sich – bei Gefahr und im Schlaf – mit den Stacheln der Rückenflossen in geschützten Hohlräumen des Riffes festzuklemmen. Der 30 Zentimeter große Orangestreifen-Drücker (*Balistapus undulatus*) besitzt ein auffälliges Muster aus orangefarbigen Schrägstreifen; er knabbert an Korallen, Seeigeln und Weichtieren, aber auch an Kalkalgen. Dunkle Längslinien zieren den Olivdrücker (*Balistes bursa*), während der bis 50 Zentimeter lange Blaustreifen-Drücker (*Pseudobalistes fuscus*) labyrinthartig ineinanderlaufende, hellblaue Streifen aufweist. Besonders eindrucksvoll ist der braunschwarze, bis 50 Zentimeter lange Leopard-Drücker (*Balistoides conspicillum*) mit gelber Schnauze, großen, hellen Seitenflecken und gelbem Rückenband. Der Schwarz-Drücker (*Balistes fuscus*) wagt sich sogar an die langstacheligen Diademseeigel, indem er bewegliche Korallenstücke zur Seite schiebt und den Seeigel mit einem Wasserstrahl aus seinem Versteck pustet. Anschließend beißt er in dessen Mundseite, die nur mit kurzen Stacheln besetzt ist, und frißt ihn aus. Die mit den Drückern verwandten Einstachler oder Feilenfische (Monacanthidae), wie der Marmorierte Einstachler (*Amanses pardalis*), besitzen einen aufrichtbaren Rückenstachel, der durch ein Sperrgelenk einrasten kann. Über Korallensand, zwischen Seegräsern und Algen schwimmt der goldbraun gestreifte Läppchen-Einstachler (*Chaetoderma penicilligera*) mit bäumchenförmigen Hautanhängen. Der graublaue Langschnauzen-Einstachler (*Oxymonacanthus longirostris*) mit orangen Flecken vermag mit seinem pipettenartig vorgestreckten Mund Korallenpolypen auszusaugen. Dagegen beißen die Papageifische (Scaridae oder Callyodontidae) mit ihren harten Kiefern ganze Korallenstücke mit ihren Polypen ab. Der unverdaute Kalk wird als Korallensand ausgeschieden. Sie schlafen in einer Schleimhülle, die jede Nacht neu abgeschieden wird. Zu den farbenprächtigsten Riffbewohnern zählen die hochrückigen Kaiser- oder Engelsfische (Pomacanthidae), die, ortsgebunden, gewandt zwischen den Korallenstöcken manövrieren und den Aufwuchs von Algen und Schwämmen abweiden. Der Dreifleck-Kaiserfisch (*Apolemichtys trimaculatus*) ist leuchtend goldgelb, der Traumkaiserfisch (*Euxiphipops navarchus*) besitzt eine gelbe, dunkel getupfte Schnauze, Kehle und Brust, während der übrige Körper, abgegrenzt durch hellblaue Bänder, orangegelb und schwarz getupft ist. Fünf bis sechs schräge, blaue Längsstreifen auf gelbolivem Grund zieren den Ring-Kaiserfisch (*Pomacanthodes annularis*); der blaugrüne Echte Kaiserfisch (*P. imperator*) trägt auf den

Flanken zahlreiche gelbe Längsstreifen. Er ist ein Einzelgänger und, wie die bis 17 Zentimeter langen Schmetterlingsfische (Chaetodontidae), ortsgebunden, wobei die Reviere einzeln oder paarweise abgeschwommen werden. Letztere sind spezialisierte Polypenfresser mit einer „Pinzettenschnauze", die beim goldgelben Langschnauzen-Pinzettfisch (*Forcipiger flavissimus*) extrem verlängert ist. Er vermag, wie der Gebänderte Pinzettfisch (*Chelmon rostratus*), seine Nahrung aus den kleinsten Spalten hervorzuholen. Der perlgraue Halsband-Falterfisch (*Chaetodon collare*) zupft auch an Moostierchen und Algen, ebenso der großschuppige Winkel-Orangenfalterfisch (*Ch. mertensii*). Der silbrige Achtbinden-Falterfisch (*Ch. octofasciatus*) besitzt dunkelblaue Querstreifen, und der Gelbe Korallenfalterfisch (*Ch. plebejus*) mit schwarzem Fleck ist ein Polypenspezialist, ebenso der quergestreifte Triangel-Falterfisch (*Ch. triangulum*).

Beim Wimpelfisch (*Hemiochus acuminatus*) ist die Rükkenflosse lang wimpelartig ausgezogen; er lebt in Schwärmen, die vom Riff oft ins freie Meer abschwimmen. Die 25 bis 40 Zentimeter großen, ovalen und seitlich zusammengedrückten Seebader oder Doktorfische (Acanthuridae) verdanken ihren Namen einem messerscharfen, skalpellartigen, abstehenden Knochenfortsatz („Chirurgenmesser") an der Schwanzwurzel. Damit können sie einem Angreifer (und auch unvorsichtigen Tauchern) tiefe Schnittwunden beibringen. Sie sind Aufwuchsfresser, wie der himmelblaue Weißkehl- (*Acunthurus leucosternon*), der orange Streifen- (*A. lineatus*) mit blauen Längsbändern, der blaue Paletten- (*Paracanthurus hepatus*) mit schwarzer Streifung und der olivfärbige Segel-Seebader (*Zebrasoma veliferum*) mit orangen Querstreifen.

Zu den Riffbarschen (Pomacentridae), typischen „Zwischenraumbewohnern", gehören die Preußenfische (*Dascyllus*), die Demoisellen (*Pomacentrus*), die Mönchsfische (*Chromis*), die Anemonenfische (*Amphiprion*) und der Sergeantfisch (*Abudefduf saxatilis*). Der Dreifleck-Riffbarsch (*Dascyllus trimaculatus*), schwarz mit weißem Seitenfleck,

1 Kandy, Perahera

⬆ 2 Thuparama-Dagoba

⬇ 3 Ruvanweli Seya-Dagoba

4 König Parakrama Bahu I.

ⓘ 5 Teufelstänzer

ⓘ 6 Tempel von Kandy

ⓘ 8 Gal Vihara (sterbender Buddha)

⮉ 7 Dämonenmaske

⮉ 9 Felsen von Sigiriya

10 Autor mit Berg-Singhalesen

11 Pflügen mit Wasserbüffel

12 Reisernte mit Sichel

16 Diyaluma-Wasse
(170 Meter)

13 Straßenszene in Colombo

14 Teepflückerin

15 Tempelbläser (Schneckenhorn)

↑ 17 Singhalesin

↑ 18 Südwestküste

↓ 19 Singhalesin

↑ 20 Sandküste mit Segelboot

↓ 21 Adams Peak (2 243 Meter)

22 Vornehme Singhalesin

23 Stufenreisfelder

24 Tamilen-Mädchen

25 Colombo, Pettah (Basar)

26 Colombo, Elefantenrondell

27 Doppeldeckerbus in Colombo

28 Steilabfall von World's End

29 Schlanklori

30 Schmuckagame

31 Russels Viper

32 Albino-Kobra

33 Langur-Schlankaffe

34 Junger Ceylon-Leopard

35 Raupe des Bergbachzünslers

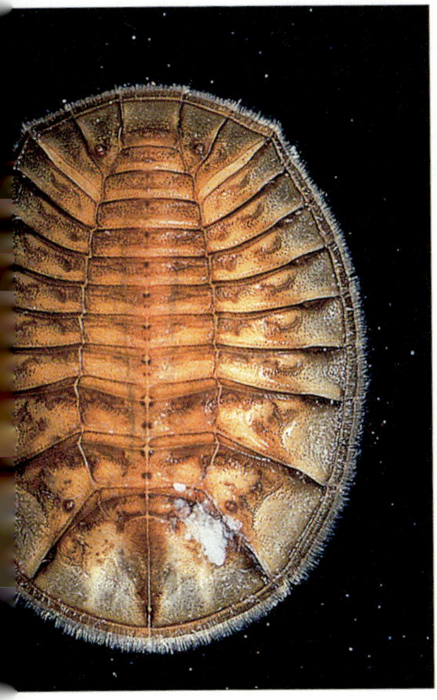

36 Larve des Schildwasserkäfers

37 Leopard-Drückerfisch

38 Gehörnter Kofferfisch

39 Malabar-Bärbling

40 Ceylon-Großflosser (Belontia)

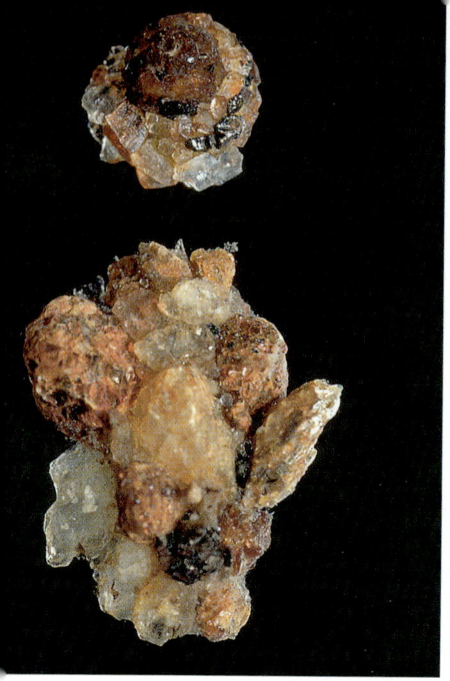

↑ 41 Köcherfliegen-Gehäuse (Edelsteinsplitter)

↑ 42 Tropische Weichkoralle

↓ 43 Fangmaske (Grofllibelle)

↓ 44 Riff-Sternschnecke

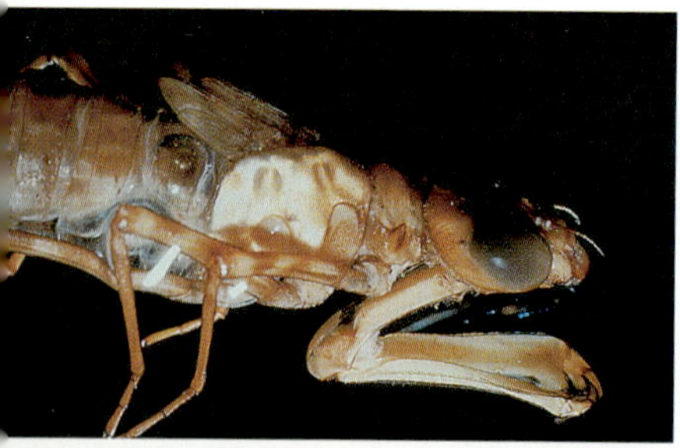

↑ 45 Gloriosa-Blüte

↑ 46 Orchidee

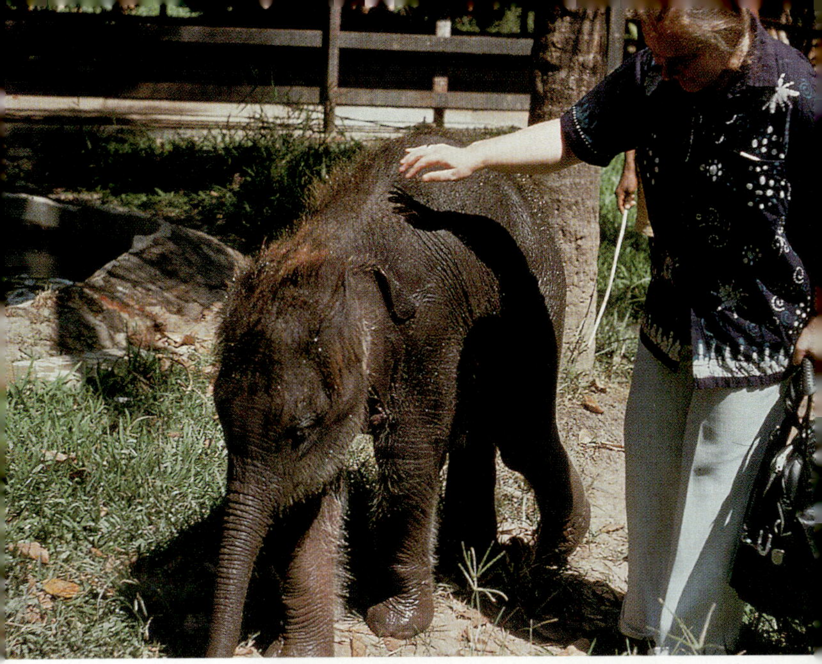

◗ 47 Junger Ceylon-Elefant

48 Alter Elefantenbulle (Tusker) ➲

↑ 49 Baumfarne

↓ 50 Teeplantage mit Teefabrik

schwimmt als Planktonfresser in Schwärmen über Spalten in Korallenbüschen, um sich darin bei Gefahr zu verstecken, wobei er knackende Geräusche erzeugt. Das Weibchen bewacht die Eigelege auf Korallenästen. Hier finden sich auch die Preußenfische (*D. aruanus, D. marginatus*), die sich allerhöchstens einen Meter ins freie Wasser wagen. Wie eine blaue „Wolke" umhüllen die dunkelblauen Mönchsfische (*Chromis*-Arten) die Riffabhänge, zwischen deren Verzweigungen sie sich, wie die Blaue Demoiselle (*Pomacentrus caeruleus*), in der Nacht zurückziehen. Auch die weinroten Fahnenbarsche oder Rötlinge, wie *Anthias squamipinnis*, tagsüber Planktonfresser am Riffhang, schlafen zwischen Zweigkorallen (*Acropora*). Nicht selten sieht man in ihrer Nähe Putzergarnelen (*Hippolysmata grabhami*), die mit ihren Antennen die Fische betasten. Die länglichen, nur 10 Zentimeter messenden, gelb-blauen Zwergbarsche (*Pseudochromis gutmanni*) treiben ebenfalls in Schwärmen über ästigen Steinkorallen und schnappen Schweborganismen aus dem Wasserstrom.

27 Arten umfassen im Indopazifik die Anemonenfische der Gattung *Amphiprion*, die mit riffbewohnenden Anemonen in Symbiose und von Plankton leben. Bei Gefahr begeben sie sich zwischen die mit Nesselzellen bewehrten Tentakel der Anemone, wobei sie manchmal bis in ihren Magenraum vordringen können! Während andere Fische von den Anemonen zum Beutefang „genesselt" werden, bleiben die *Amphiprion*-Arten unbehelligt. Untersuchungen zeigten, daß sie „chemisch" geschützt sind, da sie einen „Hemmstoff" aus dem Anemonenschleim (der die „Selbstvernesselung" verhindert) übernehmen und so die „Explosion" der Nesselkapseln unterbinden. Der 15 Zentimeter große, orangebraune Anemonenfisch (*Amphiprion bicinctus*) mit hellen Querbinden findet sich häufig mit Riesenanemonen (*Stoichactis* sp.) vergesellschaftet. Der Glühkohlenfisch (*A. ephippium*) ist leuchtend orangerot; der Orangeringelfisch (*A. percula*) besitzt ebenso wie das schwärzliche Goldflößchen (*A. sebae*) zwei bis drei weiße Querbinden.

Dämmerungsaktive Räuber mit großen Augen sind die 20 bis 45 Zentimeter großen Husarenfische (Holocentridae), die unter überhängenden Korallen und in Höhlen auf Beute lauern, wie der rötliche Weißsaum-Soldatenfisch (*Myripristis murdjan*). Der rote Gestreifte Husar (*Holocentrus ruber*) trägt helle Längsstreifen, und der Langdorn-Husar (*H. spiniferus*) einen langen Stachel am Kiemendeckel. Die bis 12 Zentimeter großen Kardinalfische (Apogonidae), wie der Pyjama-Apogon (*Apogon nemapteropterus*) mit rotem Tupfen am Hinterkörper, sind Schwarmfische und dämmerungsaktive Kleinräuber. Wenn größere Fische Beute machen, nähern sich als „Teilhaber" meist verschiedene Lippfische (Labridae), wie der Rotgrüne Meerjunker (*Thalassoma fuscus*), Ruepells Lippfisch (*Th. ruepelli*) oder der dunkelgrüne Mondsichel-Junker (*Th. lunare*). Letzterer schläft nachts im Korallensand des Lagunenbodens, wo tagsüber der Sandlippfisch (*Halichoeres centriquadrus*) den bodenwühlenden Barben folgt, um ihnen Nahrung „wegzuschnappen", während *Cheilinus lunulatus* auch freiliegende Diademseeigel anknabbert. Der Putzerlippfisch (*Labroides dimidiatus*) steht meist „ortstreu" in seiner „Putzstation". Sie wird von „putzwilligen" Fischen aufgesucht, die Flossen und Kiemendeckel spreizen, ihr Maul öffnen und beim „Putzen" oft in Starre verfallen. Der Putzerfisch sucht und pickt von der Körperoberfläche seines „Kunden" Schleim und etwaige Hautparasiten. Bei großen Raubfischen schwimmt er zwischen die Kiemen und sogar ins offene Maul, um Speisereste von den Zähnen zu picken! Der Schleimfisch *Aspidonotus taeniatus* ahmt Form und Farbe des Putzers nach, beißt aber dann Hautstücke aus seinem ahnungslosen, putzwilligen Klienten.

In leeren Gehäusen von Röhrenwürmern und Wurmschnecken sitzt der Townsend-Schleimfisch (*Plagiotremus townsendi*); er „ahmt" in der Färbung den giftigen Schwarzstreifen-Lippfisch (*Meiacanthus nigrolineatus*) nach. Der räuberische, bis 40 Zentimeter große, gelbe Blaustreifen-Schnapper (*Lutianus kasmira*) bildet am Außenriff lockere

Schwärme. Mit giftigen Stacheln auf langen Flossen ist der ovale Gelbe Kaninchenfisch (*Lo vulpinus*) sehr wehrhaft. Auch der scheibenförmig-kompresse Halfterfisch (*Zanclus cornutus*) – gelblichweiß mit drei breiten, schwarzen Querbinden – besitzt einen wimpelförmig verlängerten Rückenflossenstachel. Er bildet kleine Schwärme und ist ein Aufwuchspicker. Der barschartige Mirakelfisch (*Calloplesiops altivelis*) fällt durch seine großen Flossen auf, die schwarzblauen Seiten zieren zahlreiche helle Tupfen. Er stöbert in der Dämmerung in den Lücken des Riffes nach Kleintieren; der hochrückige Goldstreifenbarsch (*Grammistes sexlineatus*) jagt nach kleinen Fischen. Größere, bis über 50 Zentimeter lange Räuber sind die Sägebarsche (Serranidae), die hinter Felsvorsprüngen auf Opfer lauern und durch plötzliches Vorschnellen ihre Beute erfassen. Der zinnoberrote Juwelen-Zackenbarsch (*Cephalophis miniatus*) fällt durch seine runden, blauen Augenflecken auf, während der gelbgraue Pantherbarsch (*Chromileptis altivelis*) mit großer Rückenflosse schwarz getupft ist. Die größten Vertreter der Zackenbarsche gehören zur Gattung *Epinephelus* und werden auch häufig kommerziell gefischt. Eine ähnliche Lebensweise findet sich bei den Barrakudas (*Sphyraena*-Arten). Während die Jungfische in Schwärmen jagen, sind ältere Exemplare standortstreue Einzelgänger, die vor dem Riff auf Beute lauern. Sie sind sehr „neugierig" und schnappen gelegentlich auch nach blitzenden Gegenständen an der Ausrüstung des Tauchers!

Auffällige Riffräuber mit Warnfarben sind die Rotfeuer- oder Skorpionfische. Durch Abspreizen ihrer verlängerten Flossenstrahlen, die wie giftige Injektionsnadeln wirken, warnen sie etwaige Angreifer. Der blaßrötliche, bis 35 Zentimeter große Rotfeuerfisch (*Pterois volitans*) besitzt zahlreiche breite, braune Querstreifen. Er drängt kleine Fische mit gespreizten Brustflossen in einen toten Winkel, wo er seine Beute „saugschnappend" verschlingt. Der Strahlen-Feuerfisch (*Pt. radiata*) unterscheidet sich durch sechs dünne, gabelige Querstreifen, während der rötliche Zebra-Zwergfeuerfisch (*Dendrochirus zebra*) mit langen Tentakeln über den Augen mit schwarzbraunen Querbinden versehen ist. Eine Gefahr für den Taucher ist der verwandte Steinfisch (*Synanceja verrucosa*), der mit seiner warzigen Oberfläche, die an alten, verhornten Hautstellen sogar von Algen überwachsen und dem Untergrund so täuschend angepaßt ist, daß man ihn nicht erkennt. Er liegt wie ein Stein vollkommen unbeweglich und schnappt einen vorbeischwimmenden Beutefisch in kaum einer Sekunde! Seine giftigen Flossenstacheln enthalten ein Gift, das auch für einen Menschen, der ihn unabsichtlich berührt, tödliche Folgen haben kann. Bei den 20 bis 50 Zentimeter langen Kofferfischen (Ostraciontidae) ist ein Knochenpanzer ausgebildet. Ständig trillern die Rücken- und Afterflossen wie ein Kugelgelenk, während die Schwimmsteuerung nur durch die Schwanzflosse erfolgt. Beim gelb-blau gefleckten Langhorn-Kofferfisch (*Lactoria cornuta*) mit einem einheitlichen Panzer sitzen sowohl am Kopf als auch an der unteren Körperkante zwei lange Knochenzapfen. Der goldbraun marmorierte Dreiecks-Kofferfisch (*Tetrasomus gibbosus*) zeigt einen dreieckigen Querschnitt mit scharfen Kanten und Spitzen. Dagegen begrenzen den Gefleckten Kofferfisch (*Ostracion tuberculatus*) wie beim braungrünen Weißpunkt-Kofferfisch (*O. lentiginosum*) vier Längskanten die vier Panzerplatten. Sie bevorzugen Korallensandböden, wo man auch den ovalen Schwarzfleck-Igelfisch (*Diodon holacanthus*) mit zweiwurzeligen Stacheln und den Gemeinen Igelfisch (*D. hystrix*) antrifft. Beide haben große, unabhängig bewegliche Augen, die aber auch gemeinsam fixieren können. Bei Gefahr pumpen sie ihren Magen schnell mit Luft und Wasser voll, wobei sie die Größe eines Fußballes erreichen und ihre Stacheln igelartig abspreizen. Die Entleerung des aufgenommenen Wassers erfolgt unter quakenden Geräuschen. Mit ihren starken Kiefern vermögen sie die Schalen von Weichtieren und die Panzer von Krebsen aufzuknacken. Der Antrieb beim Schwimmen erfolgt durch die Brust-, Rücken- und Afterflossen, wobei sich der Igelfisch *Chilomycterus echinatus* zwischen den Korallenstöcken vor-, seit- und rückwärts bewegen kann. Die gleiche Schwimmweise beobachtet man beim länglich-keilförmigen und olivfarbenen Weißflecken-Kugelfisch (*Arothron hispidus*). Er lebt meist versteckt in kleinen Höhlen, wo er Korallenstücke abbeißt. In spaltenreichen Korallenblöcken liegt tagsüber die aalartige Sternflecken-Muräne (*Echidna nebulosa*). Die hellbraune, schuppenlose Haut des bis 75 Zentimeter langen Fisches besitzt zwei Reihen von Sternflecken, und seine röhrenförmigen Nasenlöcher weisen auf einen guten Geruchssinn hin, mit dessen Hilfe er in der Nacht seine Beute – Fische, Krabben – mit starken Fangzähnen ergreift. Das Blut ist giftig, ebenso enthält die Gaumenschleimhaut Giftdrüsen.

Der Fischreichtum am Übergang vom Riffabhang ins freie Meer lockt auch größere Räuber wie den bis 2 Meter langen Weißspitzenhai (*Carcharhinus albimarginatus*) an, während der bis 1 Meter lange Marderhai (*Triaenodon obesus*) am Boden beim Vorriff nach Krebsen und Weichtieren sucht. Da die Haie keine Schwimmblase besitzen, müssen sie stets schwimmend in Bewegung sein, um nicht abzusinken, wobei die Brustflossen als „Tragflächen" dienen. Der Schmetterlingsrochen (*Taeniura lymma*), der bis zu den Sandböden der Lagunen aufsteigt, gräbt sich dort oberflächlich ein, vermag aber auch durch wellenartige Bewegungen des Körperrandes zu schwimmen. Mit seinem unterständigen Maul sucht er nach Krebsen und Muscheln. Der Röhrenaal (*Gorgasia sillneri*) steckt mit dem Schwanzende in selbstgegrabenen Röhren. Sein Kopf, der aufrecht ins freie Wasser ragt, richtet sich immer nach der Strömung, aus der er Plankton schnappt. Zwischen Seegräsern und Algen entdeckt man das ockergelb gesprenkelte Krönchen-Seepferd (*Hippocampus kuda*) mit seiner „Propeller"-Rückenflosse. Sein Körper setzt sich aus zahlreichen harten Knochenringen zusammen, die Schnauze ist röhrenförmig, und mit dem einrollbaren Rüssel vermag es sich festzuhalten. Das Weibchen legt die Eier in eine Brusttasche des Männchens, das die Brutpflege betreibt.

Die silbrig schimmernde, bis einen Meter lange Königsmakrele (*Carnax speciosus*) mit zahlreichen schwarzen Querbinden schwimmt in großen Schwärmen nahe der Oberfläche und ist als Dauerschwimmer Hochseebewohner. Sie sind ebenso wertvolle Wirtschaftsfische wie der bis 3 Meter lange Thunfisch (*Thunnus thynnus*), die Sardelle (*Anchoviella commersoni*), der Pilchard (*Sardina pilchardus*) – in der Jugendform Sardine genannt – und der Blaustreifen-Hering (*Herklotsichtys quadrimaculatus*).

Hummer, Langusten, Kopffüßer (Kraken) und Korallenfische (Export für Aquarienzwecke) werden von Schnorcheltauchern im Seichtwasser, von Scubatauchern in den tieferen Gewässern gefangen. Neben traditionellen Fischfangmethoden mit Wurfnetzen und Brandungsangeln (Stelzenangeln) im ufernahen Bereich werden auf Sri Lanka für den Fang auf freier See Einbäume, Plankenboote und Katamarane verwendet. Diese Fischerboote kreuzen zwischen Riffen und Buchten bis zur Hochsee in einem Bereich von 10 Kilometer von der Küste und Wassertiefen bis 40 Meter. Bei der Uferwadenfischerei wirft man Zugnetze aus, die dann vom Ufer aus eingezogen werden. In Sri Lanka gibt es Saisonwanderungen eines Teils der singhalesischen Fischer zur Zeit des Südwestmonsuns an der Ostküste (Wanderfischerei). Die meisten Fischer leben zwischen Chilaw und Matara, im Süden bei Batticola und im Norden auf der Halbinsel Jaffna. In Sri Lanka werden jährlich bis zu 190.000 Tonnen Fisch gefangen (davon 10 Prozent Binnenfischerei).

Die Unechte Karettschildkröte (*Caretta caretta*) schwimmt bis in die Buchten mit Brackwasser, wo die Weibchen alle zwei bis drei Jahre an einsamen Stränden ihre Eier im Sand vergraben. In ein bis 75 Zentimeter tiefes Loch legen sie in einer Stunde zwischen 60 und 200 Eier, aus denen nach sechs Wochen 4 bis 5 Zentimeter große Jungtiere schlüpfen, die dem Meer zustreben. Der Rückenpanzer der 80 bis 120 Zentimeter großen erwachsenen Schildkröten setzt sich aus fünf Paar seitlicher Schilder zusammen, das Gewicht schwankt zwischen 80 bis maximal 350 Kilogramm. Leider ist sie – obwohl geschützt – durch unkontrollierten Fang in ihren Beständen stark gefährdet. Auch die Eier werden von den Einheimischen ausgegraben.

Die Erhaltung der lankesischen Saumriffe, die als vorgelagerte Wellenbrecher einen Schutz der dahinterliegenden Küste vor Erosion bilden, ist stellenweise durch menschliche Eingriffe stark gefährdet (Schiffahrtsrinnen, Ankerwürfe, Dynamitfischerei, Sammeln von ornamentalen Korallen und Schalen von Schnecken sowie Verschmutzung durch Abwässer der großen Touristhotels). Eine besondere Bedrohung besteht an der 80 Kilometer langen Küstenlinie zwischen Ambalangoda und Dondra Head, vor allem aber zwischen Akurala und Hikkaduwa, wo ein hoher Prozentsatz der Küstenbevölkerung für ihren Lebensunterhalt den Abbau von Korallenkalk („coral mining") betreibt, um Kalksand für industrielle Verwertung zu gewinnen. Zu zweit oder zu dritt schwimmen junge Männer mit kleine Flößen zu den Riffen, um dort Korallenstücke abzuschlagen und ans Ufer zu bringen, wo sie zerkleinert werden. In den letzten 50 Jahren wurden durch diese Riffzerstörung mehr als 200 Meter Küstenland abgetragen. Zum Schutz gegen weitere Erosion mußten künstliche Steindämme errichtet werden.

Landeinwärts schließen sich durch Einebnung des hinteren, ufernahen Riffabschnittes die Rifflagunen an. Sie sind ein großes Absetzbecken für die von den seeseitigen Riffteilen durch die Brandungswellen herangeschwemmten Sedimente. Den Lagunenboden bedecken neben abgestorbenen Korallenstöcken Sand- und Schlammlagen, auf denen sich Seegräser (*Halodule*-Arten) und Rotalgen (*Gracillaria lichenoides*) ansiedeln, die mit ihren Ausläufern den Weichboden verfestigen. In diesem Lebensraum schwanken sowohl die Wassertemperaturen als auch der Sauerstoffgehalt. In der Nähe der Ästuarien, der großen Flußmündungen, kommt es, je nach den Gezeiten, zum Wechsel von Süß-, Brack- und Seewasser. Manche Meeresorganismen, wie

Schnecken, Garnelen, Krabben und Fische, vermögen von den Lagunen über die Flußmündungen in die Unterläufe aufzusteigen. Neben Vielborstigen Würmern (Polychaeta: *Neopomatus* sp.) finden sich Steckmuscheln (*Pinna bicolor*), die sich mit Byssusfäden im Sand verankern, während die Venusmuscheln (*Dosinia cretacea*) mit rundlichen, glatten Schalen und einem Grabfuß den Sand durchfurchen. Sowohl Nadel- (*Cerithium*-Arten) als auch Mangroveschnekken (*Cerithidea*-Arten) treten am Schlammboden in dichten Populationen auf.

Auf vereinzelten Steinblöcken und abgestorbenen Korallen sitzen Kolonien der Madras-Auster (*Crassostrea madrasensis*), der Stachelauster (*Spondylus descalis*) und der Bart-Archenmuschel (*Barbatia* sp.) angewachsen. Zwischen ihnen kriechen flachschalige Radiär-Napfschnecken (*Cellana radiata*), die Glattkahnschnecke (*Nerita polita*) und, in kleinen Trupps, die Schwarze Strandschnecke (*Littorina scabra*). Von den Krebsen sind unter anderem der Säge-Bärenkrebs (*Scylla serrata*), einige Garnelenarten, wie die langfühlerigen Geißel- (*Penaeus-, Metapenaeus*-Arten) und die Großscheren-Garnelen (*Macrobrachium*-Arten) vertreten, weiters die Krabbe *Baruna socialis* und der Edwards-Knallkrebs (*Alpheus edwardsi*), der durch rasches Öffnen seiner Scheren ein knakkendes Geräusch erzeugt.

Von den Lagunenfischen sind vor allem die heringsähnlichen, milchweißen und algenfressenden Milchfische (*Chanos chanos*) und die bis 70 Zentimeter langen Gewöhnlichen Meeräschen (*Mugil cephalus*) besonders häufig. Letztere Art ist aschgrau mit dunkelblauem Schimmer, sie grundelt mit schmatzendem Knistern im Weichboden nach Detritus. Da das Fleisch beider Fische besonders schmackhaft ist, sind sie für die Küstenfischerei von Bedeutung. Neben der silbrigen, schwarzgestreiften Lagunenbarbe (*Pseudopeneus barberinus*), die den Boden durchwühlt, finden sich als Zuwanderer aus dem Meer die Stachelmakrelen (*Carangoides*-Arten), einige Schnapperfische (*Lutianus*-Arten), Doktorfische (*Acanthurus*-Arten) und Schläfergrundeln

(Elotridae). Sowohl der Kugelfisch *Chelonodon fluviatilis* als auch der Nadelfisch (*Dorichtys cinculus*) steigen bis ins Süßwasser auf.

Eine ähnliche Mischfauna aus Brackwasserformen und aus dem Meer aufsteigenden Arten zeigen die Ästuarien der großen Flußmündungen mit ihren „Backwaters". Zirka 125 Fischarten wurden im Küstenbrackwasser von Sri Lanka festgestellt, davon sind etwa 80 Arten marine Einwanderer, deren Vorkommen vom Salzgehalt (Salinität) abhängig ist. Besonders häufig sind die Commerson- und Indischen Sardellen (*Anchoviella commersoni, A. indica*), die Ambassis-(*Ambassis dayi*), die *Siganus*-Fische und die Ovalen Kleinheringe (*Harengula ovalis*) sowie Geißelgarnelen (*Penaeus-, Metapenaeus*-Arten), die bis 8 Kilometer flußaufwärts steigen.

Ein besonderer Brackwasser-Küstenlebensraum sind die Mangroven, die zum Beispiel in der 3500 Hektar großen Lagune von Negombo eine Fläche von 350 Hektar bedekken. Dieser Gezeitenwald-Gürtel ist durch Bäume charakterisiert, die auf sauerstoffarmen Schlickböden durch Luft- oder Atemwurzeln zusätzliche Atmungsorgane ausbilden. Beim Stützmangrovenbaum (*Rhizophora mucronata*) entspringen die Wurzeln am Stamm, hängen wie Seile herab und werden zu Stützwurzeln, die in regelmäßigen Abständen von den Gezeiten umspült werden. Die Samen seiner ledrigen Schließfrüchte wachsen an der „lebendgebärenden" Mutterpflanze aus, bevor sie abfallen. Die spitz-kegelförmigen, bis 50 Zentimeter großen Jungpflanzen erinnern an einen massiven Pfeil und bohren sich in den Schlickboden ein. Auf den Stelzenwurzeln siedeln sich Austern, Seepocken, Käferschnecken, Napf- und Strandschnecken an, die den Algenaufwuchs abweiden. Die Avicenne (*Avicennia marina*) wächst mehr landeinwärts, und ihre Wurzeln treiben aus dem Schlick Fortsätze, die wie ein Spargelfeld aussehen und nur bei Flut vom Brackwasser bedeckt werden. Die Rinde des Mangrovenholzes enthält Gerbstoffe für die Lederbearbeitung. Das Holz wird für Nutzstangen, als Brennmaterial und für die Herstellung von Holzkohle verwendet. Im Unterwuchs wuchern unter anderem der Eichenblättrige Bärenklau und der Goldfarn (*Acrostichum aureum*).

Im Brackwasser der Mangroven schwimmen zu bestimmten Zeiten die Mangroven-Schirmquallen (*Cassiopea andromeda*), deren muskulöser Schirm einen Durchmesser von 12 Zentimetern aufweist. Sie sind die Geschlechtsformen von festsitzenden Scyphopolypen, die durch Abschnürung (Strobilation) freischwimmende Ephyralarven produzieren, die sich allmählich zu Quallen umformen. Durch ständige Kontraktion des Schirmes entsteht ein Wasser- und Nahrungsstrom zu den verzweigten Mundarmen; einen Teil ihrer Nahrung produzieren zusätzlich symbiontische Algen (Zooxanthellen) in der Schirmgallerte.

Im Brackwasser der Negombo-Mangroven wurden zehn Arten von Geißel- (*Panaeus-, Metapanaeus*-Arten) und Großscheren-Garnelen (*Macrobrachium*-Arten) gefunden. Auf dem schlammig-sandigen Untergrund der äußeren Mangroven tummeln sich im Flutwasser-Spülsaum die bis 4 Zentimeter großen Winkerkrabben (*Uca uca*) mit gestielten Augen. Beim Männchen ist die linke Schere, die es rhythmisch auf und ab bewegt, stark vergrößert. Mit dieser „Winkbewegung" markiert es sein Revier gegen andere, eventuell eindringende Männchen und lockt gleichzeitig die Weibchen an. Bei Gefahr verschwinden sie blitzschnell in ihren bis 50 Zentimeter tiefen, selbstgegrabenen Löcher, die sie oben mit der großen Schere verschließen. Im gleichen Lebensraum fallen kleine Sandhügel auf, der Aushub von Wohnröhren, welche die Reiterkrabben (*Ocypode*-Arten) graben. Bei Ebbe sitzen sie meist am trockengefallenen Riffdach und suchen nach angespültem, organischem Material, wobei sie im auf der Bauchseite umgeschlagenen Hinterkörper mit den Kiemen einen Vorrat von Atemwasser mit sich tragen. Dem Ufersand angepaßt ist die Färbung der Hippa-Krabben (*Hippa picta*), die sich blitzschnell eingraben können. Sie fangen mit Filterbeinen bei Flut schwebendes Treibgut. Bei der ebenfalls eingegrabenen Krabbe

Macrophthalmus ragen nur die gestielten Augen über den Schlammboden, während die Schamkrabben (Calappidae-Arten) ihren Körpervorderrand hinter ihren großen, abgeflachten Scheren „verbergen".

In den Brackwässern der Negombo-Mangrove wurden 57 Fischarten festgestellt, wobei der Schwarzfleck-Hechtling (*Panchax melastigma*) und der Ambassisfisch (*Ambassis dayi*) besonders häufig sind. Daneben findet sich der Langstirn-Maulbrüterwels (*Tachysurus caelatus*), dessen drei Paare langer Borsten bis hinter den Kopf reichen. Die Weibchen tragen die befruchteten Eier in ihrer Mundhöhle. Weitere Mangrovenbewohner sind Meereseinwanderer, wie der bis einen Meter lange Milchfisch (*Chanos chanos*), der im flachen Küstenwasser ablaicht, wobei das Weibchen bis neun Millionen (!) Eier abgibt. Die 1 bis 2 Zentimeter großen Jungfische verbleiben im Küstenbereich, größere Jungfische wandern später ins Meer ab. Im Küstenbereich werden sie von den Fischern mit feinmaschigen Netzen abgefangen und in Brackwasser-Zuchtteiche gebracht. Der Jahresertrag kann bis 500 Kilogramm pro Hektar erreichen.

Weitere marine Zuwanderer ins Brackwasser der Mangroven sind Indische Zwergsardellen (*Anchoviella indica*), Meeräschen (Mugilidae), Kardinalfische (Apogonidae), Sägebarsche (Serranidae), Doktorfische (*Acanthurus*-Arten), Schläfergrundeln (*Eleotris*-Arten) und Grundeln (*Gobio*-Arten). Der merkwürdigste Vertreter der Grundeln im Bereich der Mangroven ist der amphibisch lebende Schlammspringer (*Periophthalmus koelreuteri*). Mit seinen armartig verlängerten Brustflossen kann er bei Ebbe auch auf dem Trockenen hüpfend laufen. Am Kopf treten „basedow-artige" Glotzaugen hervor, die zum Sehen über die Wasseroberfläche eingerichtet sind. Zur Aufzucht der Jungfische baut er trichterförmige Nester.

Im küstennahen Bereich werden in Brackwasserteichen nicht nur, wie schon erwähnt, Milchfische gehalten, sondern auch Geißelgarnelen, wie *Penaeus monodon*, gezüchtet. Letztere sind nicht nur für den lokalen Gebrauch (unter anderem für Touristhotels), sondern auch für die Konservenindustrie bestimmt. Der Jahresertrag betrug 1988 fast 700 Tonnen und ist seither ansteigend. Die Teichflächen wurden von 160 Hektar auf 465 Hektar vergrößert und sollen bis 2000 Hektar ausgedehnt werden.

In der Puttalam-Lagune an der Nordwestküste befindet sich eine Floßsparren-Kultur der Madras-Auster (*Crassostrea madrasensis*). An Seilen mit Kokosschalen, leeren, flachen Austernschalen und Asbestplatten von 10 mal 10 Zentimetern sind Floße zwischen Bambuspfählen ausgespannt, an denen sich die Larven der Austern festsetzen können. Allerdings gefährden verschiedene Feinde, wie Bärenkrabben (*Scylla*) und Neptunskrebse (*Neptunus*) sowie die räuberischen, muschelfressenden Tonnenschnecken (*Cymatium* sp.), die Bestände.

Die Vegetation der Großlandschaften

Das in Rumpfflächen gegliederte zentrale Bergland zeigt nicht nur den ökologisch bedingten vertikalen Wandel der Vegetation, sondern bestimmt auch als Klimascheide den Einfluß des jahreszeitlichen Wechsels der Monsunwinde aus Nordost und Südwest. Zwischen Dezember und Februar weht der Nordostmonsun mit geringen Niederschlägen im Norden und im Osten. Nach einem Zwischenmonsun von März bis Mitte Mai folgt bis November der Südwestmonsun mit starken Niederschlägen in der Feuchtzone. Der zweite Zwischenmonsun von November bis Dezember bringt vereinzelt Regen auf der ganzen Insel.

Die Monsunzeiten bedingen zwei extreme ökologische Großlandschaften: eine ganzjährige Feuchtregion im Südwesten von der Küste bis ins Hochland über 2000 Meter (ein Fünftel der Insel) und eine Trockenregion (zwei Drittel der Insel) im Osten und im Norden mit drei bis acht regenfreien Monaten. Das bis maximal 6 Kilometer breite, feuchtheiße

Küstenland hinter den Lagunen und Flußmündungen ist seit Jahrhunderten ein Kulturland (Kokosplantagen, Reisfelder usw.). Die Feuchtregion des Hügel- und Berglandes war ehemals das Zentrum des artenreichen primären tropisch-feuchten Regenwaldes, dessen Reste sich nur in steilen Lagen (Sinharaja-Forest) erhalten haben. Der durch Einfluß des Menschen entstandene, dichte Sekundärwald ist aber ebenfalls reich an Pflanzenarten und teilweise ersetzt durch Kulturen (Gummibaum, Kardamom, Tee).

Immergrüner tropischer Tiefland-Regenwald
(Galle, Ratnapura, Kanneliya, Morapitiya)

Mit Niederschlägen von mehr als 2500 Millimeter im Jahr, einer Mitteltemperatur um 27 Grad Celsius und einer Feuchtigkeit bis 80 Prozent reicht dieser Regenwald vom Tiefland bis in Höhen von 500 bis 900 Meter. Sein Landschaftsbild prägen mehr als 250 Baumarten, die teilweise über 30 Meter hoch aufragen und viele Aufwuchspflanzen, Lianen und einen üppigen Unterwuchs besitzen. Herausragend über dem geschlossenen Blätterdach sind Bäume, die bis 38 Meter Höhe erreichen, wie die großblättrigen Dunbäume (*Doona macrophyllum, D. congestiflora*), die harzreichen Horabäume (*Dipterocarpus hispidus, D. zeylanicus*) und der Langblättrige Sal- oder Dammarbaum (*Shorea oblongifolia*) mit großen, ledrigen, ganzrandigen Blättern. Sein Baumharz wurde früher als Firnis verwendet (Schiffsharz, Fackelüberzüge, Gemälde). Der Ceylon-Kanaribaum (*Canarium zeylanicum*), ein Balsambaumgewächs, trägt ölhältige Steinfrüchte (Ceylon-Mandel). Wirtschaftlich bedeutend ist der Teakbaum (*Tectona grandis*), ein Eisenkrautgewächs mit langen, elliptischen Blättern und weißen, in Rispen stehenden Blüten. Sein begehrtes, hartes, dauerhaftes, gelbbraunes Edelholz führte auch in Sri Lanka zu seiner forstlichen Nutzung. Im Südosten werden seine lichten Bestände in schmalen Streifen des gerodeten dichten Dschungels angepflanzt, um die

Giftschlangengefahr zu mindern. Gefragt ist auch das harte, grüngelbe Holz des Sarinbaumes (*Chloroxylon swietiana*) aus der Familie der Rautengewächse (Rutaceae).

Darunter bilden bis 24 Meter hohe Bäume ein geschlossenes Blätterdach. Der Elefantenapfel (*Dillenia (Wormia) triquetra*) besitzt glänzende, lederartige, grob gesägte, 30 bis 50 Zentimeter große Blätter und wohlriechende, große, gelbweiße Blüten. Die faustgroßen, saftigen, verholzten Früchte mit roten Samen werden von vielen Tieren, wie Wildelefanten, gerne gefressen. Die Gattung wurde nach J. J. Dillenius (1684–1747), Professor der Botanik an der Universität Oxford, benannt. Neben dem verzweigten Dunbaum (*Doona disticha*), dem Mesuabaum (*Mesua ferrea*), dem Thwaitesi-Kinabaum (*Calophyllum thwaitesii*) und dem Ceylon-Bhesobaum (*Bhesa ceylanica*) wächst der Fingerförmige Muskatnußbaum (*Myristica dactyloides*). Die männlichen Bäume tragen in den Blattachseln Trauben kleiner, weißer Blüten, die weiblichen Bäume bilden nur ein bis drei glockige Blüten; ihre pfirsichähnlichen Früchte mit dunkelbraunen, holzigen Samen, eingehüllt von einem roten Samenmantel, enthalten das ätherische Öl Mysticin. Zu den Myrtengewächsen gehören die mit dem Malayenapfel (*Syzygium malaccensis*) verwandten, pyramidenförmigen Baumarten *S. firmum* und *S. macum*, deren 20 bis 30 Zentimeter langen, lanzettförmigen Blätter eine deutliche Nervatur erkennen lassen. Auffallend sind die in Gruppen stehenden, puderquastenartigen, roten Blüten mit über hundert Staubgefäßen. Ihre gelbroten, roh eßbaren, 5 Zentimeter großen Früchte enthalten einen großen Kern.

Im unteren Baumwuchs, zwischen einer Höhe von 15 bis 20 Metern, wächst die Hermon-Garcinie (*Garcinia hermonii*), ein Johanniskrautgewächs (Guttifaraea) mit großen, konischen, ledrigen Blättern und apfelähnlichen, kugeligen, glatthäutigen, braunroten Früchten. Sie enthalten ein schmackhaftes, weißes, saftiges Fruchtfleisch, das in fünf bis sieben Sektoren gegliedert ist. Eingebettet liegen gerbsäurehältige Samen mit einer dicken, roten Rinde.

In größeren Abständen wachsen Bestände der Championi-Xylope (*Xylopa championii*), der Hopea- (*Hopea juncunda*), der Hooker- (*Agrostistachus hookeri*) und der Schmuckbaum (*Desmos elegans*). Als Zwischenwuchs findet sich der Wilde Jackfruchtbaum (*Artocarpus nobilis*) mit großen, glänzenden, ganzrandigen, verkehrt-eiförmigen Blättern und Blütenständen direkt am Stamm. Sein rauhhäutiger Sammelfruchtstand mit einem Durchmesser von fast 30 Zentimetern und einer Länge von einem Meter und einem Gewicht von 50 Kilogramm enthält zirka zwanzig kastaniengroße Nußfrüchte mit einem fauligen Duftstoff (Capronsäure). Sein Verwandter, der Echte Jackfruchtbaum (*A. heterophyllum*) wird seit langer Zeit kultiviert, da sein Fruchtstand als Gemüse gegessen und sein hartes Holz für die Möbelherstellung verwendet werden. Der Vielblütige Wilde Zimtbaum (*Cinnamomum multiflorum*) ist eine Stammform des seit über 2700 Jahren kultivierten Zimt- oder Kaneelbaumes (*C. ceylonicum*). Von seinen 2 Meter langen Wurzelschößlingen wird die Borke abgeschabt und die Rinde abgeschält. Sie enthält das begehrte Zimtöl (Zimtaldehyd oder Eugenol). Ein „Baumwürger" ist die Würgfeige (*Ficus diversiformis*), ein Maulbeergewächs (Moraceae), dessen immergrüne Blätter einen abgerundeten Grund aufweisen und an der Spitze ausgezogen sind, sodaß das auffallende Wasser des Tropenregens abtropfen kann. Aus urnenförmigen Blütenständen entstehen feigenartige Früchte. Die zahlreichen Adventivwurzeln des Baumes wachsen nicht nur zum Waldboden, sondern umwachsen und umhüllen auch den Tragbaum, der allmählich abstirbt.

Als Aufwuchspflanzen treten neben Moosen, Flechten und Farnen vor allem Lianen auf, wie die Dickblatt-Freycinete (*Freycinetia pycnophylla*) und die Championi-Liane (*Connarus championii*).

Immergrüner tropischer Hügelland-Regenwald
(um 900 Meter – Badulla, Bandirippuwa, Kandy, Kurunegala)

Die Niederschläge erreichen bis 3000 Millimeter im Jahr, das Jahresmittel der Temperatur liegt zwischen 20,5 und 24,8 Grad bei einer Luftfeuchtigkeit von 80 Prozent. Diese Zwischenzone zeigt eine Abnahme der Üppigkeit und der Baumhöhen. Primärvegetation in größerer Ausdehnung findet sich im Nationalpark des Sinharaja-Forest, sonst treten nur Restbestände mit Sekundärvegetation auf sowie, nach Rodung, ausgedehnte Kautschuk- und Teeplantagen.

Über 20 Meter Wuchshöhe erreicht, neben dem Pometiabaum (*Pometia eximia*), der Wilde Ceylon-Mangobaum (*Mangifera zeylanica*), ein Sumachgewächs, dessen Wurzeln bis 8 Meter tief in den Boden vordringen. Die bis 30 Zentimeter langen Blätter mit hellgrüner Mittelrippe verfärben sich durch Anthocyanbildung zuerst rot, dann dunkelgrün. Der rispenförmige Blütenstand umfaßt bis zu 5000 grünlichgelbe, kleine Blüten, von denen allerdings nur ein einziges Staubblatt fruchtbar ist. Die Steinfrüchte von birn- bis nierenförmiger Gestalt enthalten unter der grüngelblich bis rötlichen, derben Außenhaut ein saftreiches, von Fasern durchsetztes Fruchtfleisch. Die Domestikation des verwandten Indischen Mangobaumes (*M. indica*) hat bereits vor 4000 Jahren begonnen, wie alte Sanskritschriften berichten. Im Laufe der Zeit entstand eine Vielzahl von Zuchtformen. Der Rote Wollbaum (*Bombax malabaricum*) kann gelegentlich sogar eine Wuchshöhe von 40 Metern (!) erreichen, sein bis 12 Meter breiter Stamm ist mit Brettwurzeln verankert. Die gefiederten, 30 Zentimeter langen Blätter werden im Januar abgeworfen, und zugleich erscheinen die rot-orangen Blüten, wobei aus den Blütenblättern zirka sechzig Staubgefäße ragen. Abgefallene Blüten werden gerne von Wildtieren gefressen und von den Einheimischen als „Curry“-Zutat verwendet. Im April erscheinen die fingerförmigen, verholzten Früchte, die neben den schwarzen Samen ein dichtes Gewirr langer Haare enthalten, die als „Kapok“ zur Füllung von Kissen verwendet werden.

Das durchgehende Laubdach zwischen 15 und 20 Metern wird hauptsächlich vom Seifenbaumgewächs *Filicum decipiens* und dem Wilden Jackfruchtbaum (*Artocarpus nobilis*) gebildet. In der Mittelschichte, zwischen 6 und 9 Metern, dominieren das Lorbeerbaumgewächs *Neolitsea cassia*, die Malabar-Turpinie (*Turpinia malabarica*), der Walker's-Kinabaum (*Calophyllum walkeri*), ein Clusiengewächs mit roten Blatttrieben, weiters die Gabel-Rejoue (*Rejoua dichotoma*) und der Wilde Zedrachbaum (*Melia composita*). Dieser bis 15 Meter hohe Urwaldbaum besitzt eschenähnliche, doppelt gefiederte Blätter, seine duftenden, zartvioletten Blüten mit rötlichen Staubblattröhren im Zentrum stehen in kleinen Rispen. Die goldgelben Steinfrüchte sind zwar giftig, werden aber trotzdem gerne zur Herstellung von Schmuckketten verwendet.

An den Baumstämmen ranken sich Aufwuchspflanzen und Lianen, wie *Anamirta-, Artabotrya-, Anodendron-, Entoda*-Arten und andere Kletterpflanzen, empor.

Immergrüner tropisch-feuchter Bergwald
(900–1525 Meter – Peak Wilderness, Dolosbage, Norton Bridge, Passara, Moray Estate)

Bei Jahresniederschlägen zwischen 3000 und 5000 Millimetern und einer Durchschnittstemperatur um 20 Grad beträgt die Luftfeuchtigkeit 80 Prozent. Ungefähr 120 Baum- und Straucharten (davon 49 für Sri Lanka endemisch) aus achtzig Gattungen und vierzig Familien finden sich hier. Über das geschlossene Kronendach ragen die Gardner- und Ceylon-Dunbäume (*Doona gardneri, D. zeylanica*) mit Wuchshöhen von 40 Metern. Das geschlossene Laubdach erreicht 20 bis 35 Meter, gebildet vom Finger-Muskatbaum (*Myristica dactyloides*), dem Wasserapfel (*Syzygium aqueum*), dem Elefantenapfel (*Dillenia (Wormia) triquetra*) und dem Sauer-Kinabaum (*Calophyllum acidus*). Weitere häufige Bestandsbildner sind *Elaeocarpus glandulifera, Semecarpus nigroviridis*, der Ceylon-Fahrenheitbaum (*Fahrenheitia zeylanica*), ein Wolfsmilchgewächs, weiters *Pygum ceylanicum, Cryptocarya wightiana*, ein Lorbeergewächs, und der aromatisch riechende Wilde Zimtbaum (*Cinnamomum litsaefolium*). Die großblättrige Trauben-Schefflera (*Schefflera racemosa*) ist ein „Spreizkletterer"; ihre abstehenden Blütenstände bestehen aus zusammengesetzten Dolden, aus denen sich dunkelrote Kapselfrüchte bilden.

Im Mittelwuchs mit Bäumen von 5 bis 10 Meter Wuchshöhe sind unter anderem *Meliosoma simplicifolia, Mappia ovata, Acronychia pedunculata, Hortonia floribunda* und *Nothopegia beddomi* charakteristisch, während sich als Kletterpflanzen *Freycinetia walkeri* und *Pothos remotiflorus* sowie der Sichelblättrige Kletterasparagus (*Asparagus falcatus*) emporranken. Letzterer ist ein Liliengewächs (Liliaceae), dessen grüngelbe Blüten hängende Glöckchen bilden, aus denen rötliche Beeren mit hartschaligen Samen hervorgehen, die gerne von Vögeln gefressen werden.

Das Buschwerk (0,5 bis 2 Meter) setzt sich hauptsächlich aus dem Schwarzmundgewächs *Memecylon gardneri*, dem Wolfsmilchgewächs *Agrostichys coriacea* und der Dichtblütigen Rauvolfia (*Rauvolfia densiflora*) zusammen. Dieser Strauch, ein Hundsgiftgewächs (Apocynaceae), besitzt ungegliederte Milchröhren sowie balgartige Früchte mit zahlreichen Samen. Seine Wurzeln enthalten ein Alkaloid, das für Heilmittel verwendet wird.

Große Flächen des ehemaligen Feucht-Bergwaldes wurden mit Kulturen von Kardamom-Sträuchern (*Eletteria cardamom*) bepflanzt, einer Gewürzpflanze, deren Früchte für das Curry-Mischgewürz verwendet werden. Sie dienen zerrieben auch als Beigabe zum Betelnußsamen und werden mit Kalkstaub und Zimt in die Blätter des Betelpfeffers gewickelt. Diese Mischung wird als Stimulans gekaut und bewirkt eine Rotfärbung des Speichels.

Immergrüner tropischer Gebirgs-Regen- und Nebelwald
(1500–2100 Meter – Südliche Peak-Wilderness, Carney Estate, Hapugastenne-Estate, Nuwara Eliya)

Jahresdurchschnittstemperatur zwischen 15 und 17,5 Grad, Niederschläge bis 5000 Millimeter im Jahr und 80 Prozent Luftfeuchtigkeit.

Mit zunehmender Höhe nehmen die Üppigkeit und die Wuchshöhe ab; ab 2000 Metern treten Krüppelformen auf. Dominierend sind unter den Bäumen Myrten- (Myrrhaceae), Erika- (Ericaceae) und Lorbeergewächse (Lauraceae), weiters der Baum-Rhododendron (*Rhododendron arboreum*) und Walker's Kinabaum (*Calophyllum walkeri*), ein Clusiengewächs (Clusiaceae). Bei einer Wuchshöhe bis zu 25 Metern besitzt er auffallend rote Blatttriebe. Das durchgehend 12 bis 25 Meter hohe, geschlossene Blätterdach mit flachen Schirmkronen bilden Bäume mit oft gedreht-gewundenen Stämmen, knorrigen Ästen und meist schmalen, harten Blättern: neben *Stemoporus rigidus, St. cordifolius, St. gardneri* finden sich *Semecarpus*-Arten, *Alphonsea coriacea*, der Trapezblättrige Kinabaum (*Calophyllum trapezifolium*), die Teegewächse (Theaceae) *Gordonia speciosea* und *G. ceylanica*, weiters das Lorbeergewächs *Neolitsea fuscata*, die Stachelfrucht-Garcinie (*Garcinia echinocarpa*), der Rundblättrige Rosenapfel (*Syzygium rotundifolium*) mit auffallend roten Blütenquasten und der Ovalblättrige Wilde Zimtbaum (*Cinnamomum ovalifolium*).

In der mittleren Baumschichte, in lockeren Beständen mit einer Wuchshöhe zwischen 6 und 12 Metern und darunter wuchernden Gebüschen (3 bis 6 Meter), wachsen neben dem Lorbeergewächs *Actinodaphne speciosa* der Berg-Hakenbaum (*Glochidium montanum*) und der Wilde Gewürznelkenbaum (*Eugenia cyclophyllum*). Letzterer besitzt rote, in Büscheln stehende Blüten, aus denen gelblichweiße Früchte mit schwammigem Fruchtfleisch hervorgehen.

Gebirgs-Nebelwald der Horton Plains und Hakgala Nature-Reserve (2100–2300 Meter)

Die Jahresdurchschnittstemperatur liegt zwischen 5 und 15,4 Grad, die Niederschläge betragen bis 2200 Millimeter im Jahr; die Luftfeuchtigkeit liegt wieder bei 80 Prozent, mit starker Nebelbildung.

Auf den Horton Plains (Hochfläche) mit 3160 Hektar wurden 57 Baumarten aus 43 Gattungen und 30 Familien festgestellt. Dominant sind Lorbeer- (Lauraceae), Myrten- (Myrtaceae), Erika- (Ericaceae) und die Hartheugewächse (Guttifereae) sowie Symplocaceae, davon etwa 50 Prozent endemisch.

Walker's Kinabaum (*Calophyllum walkeri*) erreicht eine Wuchshöhe von maximal 12 Metern, das Erikagewächs *Vaccinium symplocifolium* bis 8 Meter. Die Baumschichte zwischen 5 und 6 Metern wird von den Lorbeerbäumen *Neolitsea fuscata, Actinodaphne ambigua* und dem Baum-Rhododendron (*Rhododendron arborea*) gebildet, während der Ovalblättrige Wilde Zimtbaum (*Cinnamomum ovalifolium*) auch in der Strauchschichte zwischen 2 und 3 Metern wächst. Dichte Überzüge auf den Stämmen und Ästen bilden Aufwuchspflanzen, wie die Bartflechte (*Usnea barbata*), die in langen, grauen, bartartigen Strähnen herabhängt. Daneben wuchern Moose, Farne (*Asplenium* sp.) und Orchideen (*Eria baccata, E. bicolor, Robiquetia brevifolia*).

Das Gebüsch im Unterwuchs wird vom Ovalblättrigen Rosenapfel (*Syzygium ovalifolium*), dem Labkraut *Psychorria bisucata* und dem Acanthaceengewächs *Strobilanthes sexennis* gebildet. Dazwischen stehen Bestände von rohrartigem Bambus (*Arundinaria = Indocalamus*) und der Reichblütigen Alpinie (*Alpinia abundiflora*), einem Ingwergewächs. Sie ist eine stattliche Staude mit knolligen, aromatischen, mehrfach verzweigten Wurzeln; der Stengel ist von schmalen Blättern dicht eingehüllt, die ährenförmigen Blütenstände sind überhängend. Dazwischen aufragend ist der Langhaarige Baumfarn (*Cyathea = Alsophila crinita*), dessen Blattstiele mit langen Stachelhaaren besetzt sind. Die Krone des holzigen, unverzweigten Stammes besteht aus einer Rosette von über 3 Meter langen, gefiederten Wedelblättern. Der Baumfarn benötigt zu seinem Gedeihen eine hohe Luftfeuchtigkeit und verträgt als Gebirgspflanze auch niedrige Temperaturen bis an die Frostgrenze.

Wintergrüner Trockenwald („Dschungel") des Tieflandes
(Amparai, Anuradhapura, Batticola, Trincomalee)

Bei einem Temperaturjahresdurchschnitt von 22 bis 24 Grad erreichen die Niederschläge nur 200 bis 250 Millimeter im Jahr. Die Wintergrünen Trockenwälder wechseln von Beständen mit dichten, geschlossenen Kronen mit Maximalhöhen von 20 bis 24 Metern zu niederen, schütteren Baumfluren mit Höhen bis höchstens 18 Meter und weit ausladendem Blätterdach.

Einige wirtschaftlich wertvolle Bäume sind für den Trockenwald charakteristisch, wie z. B. das Seidenholz (*Chloroxylon swietiana*), das Herzblättrige Trincomaleeholz (*Berrya cordifolia*) und das Echte Ebenholz (*Diospyrus ebenus*) mit seinem begehrten schwarzen Kernholz. Die Früchte des Eisenkrautbaumes *Vitex pinnata* enthalten ätherische Öle.

Das geschlossene Blätterdach bilden die Kronen der, mit der Apfel-Jambuse (*Eugenia malaccensis*) verwandten, *Eugenia breteata*, die leuchtend rote Puderquasten-Blüten und birnförmige Früchte trägt. Bei der Ähren-Garcinie (*Garcinia spicata*) stehen die Blüten in einfach gabelig-verzweigten Ständen, ihre dickhäutigen Früchte erinnern an Tomaten. Die Röhrenkassie oder Indischer Goldregen (*Cassia fistula*) besitzt bis 50 Zentimeter lange Fiederblätter, die sie vor dem Auftreten der großen, 80 Zentimeter langen, leuchtend gelben Blütenrispen, die den Baum in einen „Mantel" hüllen, abwerfen. Die langen, braunen Hülsenfrüchte enthalten ein süßes Mark („Manna"), das eine leicht abführende Wirkung hat. Die Rinde wird als Gerbmittel verwendet.

Als Liane rankt sich, neben *Ventilago maderaspatana*, die Kletter-Derris (*Derris scandens*) die Baumstämme empor. Diese 5 bis 12 Meter lange, holzige Schlingpflanze, ein Hülsenfruchtgewächs (Leguminoseae), trägt immergrüne Fiederblätter; ihre roten Blüten sind zu 30 Zentimeter langen, aufrechten Blütenständen angeordnet und bilden kurze, grüne Schotenfrüchte. Eine bis 3 Meter hohe, auffällige Kletterpflanze ist die Gloriose, Ruhmeslilie oder Tigerklaue (*Gloriosa superba*), deren lange Blätter an der Spitze zu einer spiraligen Ranke umgebildet sind. Ihre 6 bis 8 Zentimeter großen, grazilen, kraus gewellten Blütenblätter sind am Grunde leuchtend gelb und an der Spitze feuerrot. Die bogenförmigen Staubgefäße stehen seitlich weit ab und tragen in der Mitte, waagrecht eingelenkt, den geraden Staubbeutel. Die Knolle der Pflanze ist stark giftig, und die daraus gewonnenen Extrakte wurden früher zur Herstellung von Giftgetränken verwendet, mit denen man bei Machtstreitigkeiten unliebsame Konkurrenten ins Jenseits befördern konnte.

Wintergrüner Trockenbuschwald und Savanne im Tiefland
(Jaffna, Mannar, Puttalam)

Durchschnittstemperatur zwischen 23 und 25 Grad bei Niederschlägen, die nur 130 bis 180 Millimeter pro Jahr erreichen. Ein niederwüchsiger Buschwald mit zerstreutem Baumwuchs bis höchstens 9 Meter Wuchshöhe und breiten Kronen, stark entwickeltem Lianen-Aufwuchs und Unterwuchs aus Dornsträuchern.

Im Nordwesten der Insel bildet als Übergangsgebiet zum Trockenwald die Zone der Tavala-Parksavanne das Kampfgebiet zwischen Wald und Steppe. Auf sandigen Böden stehen lichte Bestände des Nellibaumes (*Emblica officinalis*) sowie des Indischen Mandelbaumes (*Terminalia catappa*). Letzterer ist leicht an seinen in Etagen waagrecht angeordneten Zweigen zu erkennen. Vor dem Laubfall färben sich seine ledrigen Blätter leuchtend rot, seine zweikantigen, mandelartigen Früchte besitzen zwischen einem äußeren, fleischigen und einem inneren, holzigen Schalenteil ein luftgefülltes Gewebe, das ihnen ermöglicht, im Wasser zu schwimmen. Fruchtschale und Baumrinde werden zum Gerben und Schwarzfärben verwendet. Die ursprünglich aus Süd- und Mittelamerika stammende Wandelblume (*Lantana camara*) wurde als Zierpflanze in alle Tropenregionen verbreitet, wo sie verwilderte; auch auf Sri Lanka bildet sie undurchdringliche Dickichte. Auf den vierkantigen Zweigen des bis 1,5 Meter hohen Strauches stehen runzelige Blätter mit gesägtem Rand, die Blüten sitzen auf Ähren, ihre Farbe variiert („wandelt sich") von gelb bis tiefrot und violett. Die glänzend-blauschwarzen Beerenfrüchte sind für den Menschen giftig, werden aber von Vögeln gefahrlos gefressen, die damit zur Verbreitung und Verwilderung der Pflanze sorgen. Die Grasfluren sind vom harten Elefanten- oder Illukgras (*Imperata cylindrica*) dominiert, das eine Höhe von 1,2 Metern erreicht. Es tritt auch in der Damana-Parksavanne auf, die in der langen Trockenzeit vollkommen ausdörrt. Niederschläge fallen nur während des Nordostmonsuns zwischen Oktober und Februar, während es zwischen April und August in der Regel keinen Regen gibt und die Maximaltemperaturen 35 Grad Celsius erreichen.

Im Trockenwald dominiert der Immergrüne Sapotabaum (*Manilkara hexandra*), ein Seifenkrautgewächs (Sapotaceae), dessen dicht behaarte, elliptische Blätter gedrängt an den Zweigenden stehen und aus deren Achseln die Blüten entspringen. Die fast apfelgroßen Früchte mit kartoffelartiger, samtbrauner Haut enthalten ein weiches, bräunliches Fruchtfleisch, das karamelartig schmeckt und in dem flache, schwarze Samen eingebettet liegen. Beim Anritzen des Stammes tritt ein weißer Milchsaft aus. Neben dem Sapinum- (*Sapinum insigne*) und Sapindus-Baum (*Sapindus emarginata*) wächst hier auch der Kartoffel-Brechnußbaum (*Strychnos potatorum*), ein Loganiengewächs (Loganiaceae).

Die Blütenstände stehen an den Zweigenden und sind von breiten, spitz-eiförmigen Blättern umhüllt. Seine Beerenfrüchte enthalten knopfgroße Samen mit giftigen Alkaloiden (Strychnin, Brucin).

In der Zwergbaum- und Strauchzone wachsen das Eisen-Ebenholz (*Diospyrus ferrea*), der Sperrige Dicrostachys-Strauch (*Dicrostachys cinerea*) und der Dorch-Wachsstrauch (*Carissa spinarum*). Er trägt 5 Zentimeter lange, dicke, eiförmige und ledrige Blätter; die fünfblättrigen, trichterförmigen, weißen und duftenden Blüten stehen neben roten Kugelfrüchten, die einen trinkbaren Milchsaft enthalten. Die Ohren-Kassie (*Cassia auriculata*) trägt während der warmen Jahreszeit zahlreiche gelbe Blütenrispen, die großen Blätter des laubabwerfenden Gehölzes sind paarig gefiedert, die Hülsenfrüchte enthalten in einem Fruchtbrei zahlreiche feste Samen.

Als Ranken und Lianen umwachsen den Trocken-Dornbusch *Cissus quadrangularis, Abrus-* und *Hugonia*-Arten. An die Trockenheit angepaßt sind die harten, fleischigen, schwertartigen Blätter des Ceylon-Schwertblattes (*Sansevieria zeylanica*), das wegen seiner nutzbaren, silbrigen Fasern auch angepflanzt wird und daher auch den Namen Bogenhanf trägt. Weitere Bestandsbildner des Unterwuchses sind die Indische Vicoa (*Vicoa indica*), *Eragostris viscosa* und die Echte Aloë (*Aloë barbadensis*), deren kurzer, verholzter Stamm am Grunde Ausläufer treibt, an deren Ende ein Schopf sperrig abstehender, 40 bis 50 Zentimeter langer, blaugrüner Blätter steht, die am Rande hornartige Zähne tragen. Der bis 90 Zentimeter hohe, traubige Blütenstand in Form einer Pyramide ist mit gelborangen Blüten besetzt, aus denen eine Kapselfrucht hervorgeht. Das olivbraune Aloë-Harz mit dem Bitterstoff Aloin wird nach Abschneiden der Blätter gewonnen und an der Luft getrocknet. Manche Sukkulenten der Dornbusch-Savanne, wie die Kandelaber-Wolfsmilch (*Euphorbia antiqua*), erreichen einige Meter Höhe. Die an geflügelten Zweigen sitzenden Blätter fallen bald ab, worauf die grünen Stämme die Photosynthese übernehmen. Bei Verletzung der Pflanze tritt ein weißlicher Milchsaft aus. Die immergrünen, lederartigen Blätter der Stechpalmen (*Ilex*-Arten) sind am Rand wellig gebogen und zu Stacheln ausgezogen. Aus den kleinen, weißlichen Blüten entwickeln sich korallenrote, giftige Steinfrüchte.

Auf den salzig-sandigen Küstenböden bei den Lagunen wachsen in den Grasnarben von *Cynodon dactylon* auch dickblättrige, wasserspeichernde Salzpflanzen, wie der Arm-Queller (*Salicornia brachiata*) und *Suaeda maritima*. Salztolerant sind auch die an Meeresufern wachsenden, palmähnlichen Schraubenbäume, wie *Pandanus furcatus*. Sie stehen auf Stelzenwurzeln, ausgeprägten Stützwurzeln, und ihre Blattansätze sind spiralig-schraubenförmig angeordnet. Die kopfgroßen, kugelförmigen Fruchtstände sind polyedrisch aus zahlreichen Einzelfrüchten zusammengesetzt. Schließlich muß noch die Palmyra- oder Zuckerpalme (*Borassus belliformis*), eine Fächerpalme mit einem bis 35 Meter hohen, schwarzen, zylindrischen Stammschaft, erwähnt werden, die sich, neben Wildformen, auch in Plantagen des nördlichen und östlichen Trockengebietes findet. Aus dem zuckerhältigen Saft der männlichen Exemplare dieser zweihäusigen Pflanze werden Palmwein und Arrak hergestellt. Das geleeartige Fleisch der Früchte wird ebenfalls gerne gegessen, weiters finden die Palmyra-Fasern vielfältige Verwendung (zum Beispiel für Besen), und aus dem stärkehältigen Stamm kann Sagomehl gewonnen werden. Schließlich dienen die ausgehöhlten Stämme auch als primitive Wasserleitungen.

Die Tierwelt von Sri Lanka

Tiergeographisch gehört die Kontinentalinsel Sri Lanka zur Südindischen Unterregion des Orientalischen Faunenbereiches, der Vorder- und Hinterindien, Südostasien bis Indochina, die Malaiische Halbinsel und die westlichen Inseln von Indonesien umfaßt. Die meisten Wirbeltiere, hauptsächlich Fische und Säuger, stimmen mit der Fauna des Indischen Subkontinents, vor allem aber mit Südindien überein. Einige Echsen- und Vogelarten zeigen dagegen nahe verwandtschaftliche Beziehungen zur Tierwelt der malaiischen Unterregion. Geographische Relikte (Gondwana-Elemente) und Endemismen sind bei geologisch alten Familien, wie Lurchen, Reptilien und vielen Wirbellosen (z. B. Weichtieren), zu finden, welche „isoliert" in den Bergwäldern („Inseln auf der Insel") vorkommen. Manche Tiergattungen, die Sri Lanka und Südindien gemeinsam sind, weisen als „Gondwana-Elemente" oft auch Verwandtschaftsbeziehungen zur südamerikanischen, afrikanischen und madagassischen Fauna auf.

Beim Streifen durch den Regenwald sind die oft massenhaft auftretenden Ceylon-Landblutegel (*Haemadipsa zeylanica*) besonders unangenehm. Die 3 bis 4 Zentimeter langen, schlanken, rotbraunen Blutsauger mit weißen Flecken und zwei Paar gelber Längslinien am Rücken lauern in der höherwüchsigen Bodenvegetation (Gebüsch, niedere Bäume). Bei Erschütterungen am Boden führen sie kreisförmige Bewegungen durch und lassen sich herunterfallen. Sie können aber auch chemische Reize (Ausdünstungen von Wirbeltieren) vom zukünftigen „Wirt" wahrnehmen und in Scharen gegen den Wind auf stillstehende Wildtiere oder Menschen zuwandern. Bei Platzänderung des „angepeilten" Wirtes kriechen sie auf Zweigspitzen und ändern nach Suchbewegungen die Kriechrichtung. Wie alle Egel kriechen sie „spannerraupenartig": Nach dem Festheften des hinteren Saugnapfes strecken sie den Wurmkörper nach vorne, saugen sich mit dem Mundsaugnapf fest und ziehen, nach Ablösen des hinteren Saugnapfes, den Körper in einer U-förmigen Krümmung nach. Sie vermögen sich bei Menschen durch die kleinsten Spalten der Kleidung, ja sogar durch die Ösen von Schnürschuhen durchzuzwängen, um an die Haut zu gelangen, die sie mit ihren drei Kiefern ansägen. Ein beim Blutsaugen abgegebenes Speichelsekret verhindert das Gerinnen des Blutes, und das Nachbluten der Wunde kann, nach Abfallen des Parasiten, dessen Körper um ein Vielfaches angeschwollen ist, bis zu 30 Minuten andauern. Da oft zahlreiche Blutsauger am Wirt hängen, kommt es, vor allem bei Wildtieren, zu starken Blutverlusten. Aber auch Hunde und Katzen, die sich von Dörfern in bewaldetes Gebiet verirren, gehen daran nicht selten zugrunde. Wir waren bei unseren Streifzügen zu den Urwaldbächen durch das Tragen von Gummistiefeln geschützt, auf denen wir die heraufkriechenden Egel mit der Pinzette abklauben konnten. Trotzdem bemerkte mein Begleiter einmal, daß ein Egel an meinem Hals saß! Ein bekanntes Hilfsmittel zur Abwehr von Landegeln ist das Einseifen der Beinbekleidung, welches das Weiterkriechen der Blutsauger verhindert. Nach der Begattung der zwittrigen Egel setzen die Tiere ihre Eikokons in feuchter Erde ab.

Nächtliche Räuber sind die Skolopender-Riesenläufer (Scolopendridae), die tagsüber unter Steinen verborgen leben. Bei einer Länge bis über 10 Zentimeter setzt sich ihr gegliederter Körper aus 25 bis 27 Abschnitten mit 21 bis 23 Beinpaaren zusammen. Die dornbesetzten Endbeine wirken wie eine Kneifzange als Greiforgan und Abwehrwaffe. Am abgeplatteten Kopf sitzen die Kieferfüße mit Giftdrüsen, deren Sekret ihre Beute (Würmer, Schnecken, Insekten) lähmt und bei größeren Arten – auch beim Menschen – sehr schmerzhaft ist. Die Weibchen betreiben Brutpflege, indem sie ihre 20 bis 30 abgelegten und verklebten Eier mit mehreren Körperwindungen schützend umschließen.

Eine nächtliche Lebensweise besitzen auch die Doppelfüßler (Diplopoda), die sich in der Mulm- und Moderschichte als „Gesundheitspolizei" von abgestorbenen Pflanzen und Tieren ernähren. Ihr zylindrischer Körper setzt sich aus Doppelringeln zweier aufeinanderfolgender Körpersegmente zusammen, die je zwei Beinpaare tragen. Die größeren Arten, wie die Riesenschnurfüßer (*Graphidostreptus-, Spirobulus*-Arten), die eine Länge von über 10 Zentimeter erreichen, laufen mit über 100 Beinpaaren. Bei Gefahr vermögen sie sich zusammenzurollen, wobei die darunterliegenden Beine geschützt werden und der harte Rückenpanzer nach außen weist. Zusätzlich besitzen sie Wehrdrüsen, deren Blausäure enthaltende Sekrete einen scharf stechenden Geruch haben. Die im Waldboden sowie unter Rinden und Moosen lebenden, weißen und augenlosen Zwergfüßer (Symphyla) mit elf Beinpaaren erreichen nur eine Länge von 5 Millimetern und ernähren sich von vermodernden Pflanzenteilen und feinen Würzelchen. Die Hälfte der 34 auf Sri Lanka festgestellten Arten sind für die Insel endemisch.

Die Skorpione (Scorpiones) sind eine erdgeschichtlich sehr alte Gruppe der Klasse der Spinnenartigen (Arachnida), die sich tagsüber unter Steinen, Rinden und in Höhlungen versteckt, um bei Einbruch der Dunkelheit auf Beutefang zu gehen. Ihr Hinterleib besteht aus einem vorderen, breiten Abschnitt und aus einem dünneren, beweglichen Schwanzteil, an dessen Ende ein mit zwei Giftdrüsen bewehrter Stachel sitzt. Er wird gekrümmt über dem Rükken, mit der Spitze nach vorne getragen, um damit leicht über den Kopf hinweg zustechen zu können. Mit den mächtigen, in großen Scheren endenden Kiefertastern kann die Beute (Insekten, Asseln, Spinnen) festgehalten werden, während die kleinen, scherenförmigen Kieferfühler die durch den Stich gelähmte Nahrung zerkleinern. Die Weibchen betreiben Brutpflege und tragen ihre weißlichen Jungen am Rücken.

Bei der artenarmen Gruppe der flachgedrückten Geißelskorpione (Uropygi) trägt der schwanzförmige Hinterleib kein Stachelglied, sondern ein vielgliedriges, fadenförmiges Flagellum, während am Vorderkörper ein kräftiges Scherenpaar sitzt. Zur Abwehr von Feinden dienen Afterdrüsen, deren Sekret Essigsäure enthält, Die bis 5 Zentimeter großen *Telyphonus*-Arten in den Bergregenwäldern von Sri Lanka kommen vor allem nach starkem Regen aus ihren Spalten, um nach Insekten, Asseln, Würmern und Nacktschnecken zu jagen.

Die Vorderbeine der Geißelspinnen (Amblypygi) sind zu dünnen, bis 20 Zentimeter langen Tastern ausgezogen, bei den Mundwerkzeugen dienen die starken, bedornten Kiefertaster als Fangorgane. Ihre Rumpflänge schwankt zwischen einem und vier Zentimeter. Bei den Ceylon-Geißelspinnen (*Phrynichus ceylonicus, Ph. c. gracillibrachiatus* und *Ph. pusillus*) werden die zwischen 15 und 60 Eier vom Weibchen in einem Brutbeutel umhergetragen. Die ausschlüpfenden Jungen halten sich bis zur ersten Häutung auf dem Rücken der Mutter auf.

Bei den Weberknechten (Opiliones) sitzt der Hinterleib dem Kopfbrustabschnitt breit an, und die acht Beinpaare sind so lang und dünn, daß sie, auch wenn das Tier ruhig sitzt, den Leib wie federnde Stelzen in Schwebe halten. Bei Gefahr können sie abgeworfen werden. Außerdem besitzen die Tiere Stinkdrüsen und können sich zusätzlich „totstellen". Ihre Beutetiere, die sie bei ihren nächtlichen Streifzügen aufspüren, sind, neben Aas und pflanzlichen Stoffen, kleine Insekten, Spinnen, aber auch Schnecken, die sie mit ihren langen, dreigliedrigen Mundwerkzeugen zerkleinern. Bei vielen Arten legen die Weibchen ihre Eier mit einer langen Legeröhre ins feuchte Erdreich, unter loser Rinde und in morsches Holz ab.

Teils im und am Waldboden, unter Moosen und Steinen, teils unter Rinden und an toten Tieren und Pflanzen leben die zahlreichen, nur millimetergroßen Arten der Milben (Acari). Sie laufen mit vier Beinpaaren, aber die Leibesgliederung ist, im Gegensatz zu den anderen Spinnenartigen, bis auf geringe Spuren geschwunden und beschränkt sich meist auf eine Querfurche zwischen dem zweiten und dritten Beinpaar. Die Mundwerkzeuge sind je nach Ernährungsweise zum Beißen, Stechen oder Saugen ausgebildet. Die lederartigen, dick gepanzerten Hornmilben (Oribatei) von 0,2 bis 1 Millimeter Länge leben in den obersten Schichten des Humus-Waldbodens, unter Moospolstern, Flechten, aber auch in vermodernden Baumstümpfen, wo sie Algen, Pilzhyphen und Pollen sowie in Zersetzung befindliche

Pflanzenteile als Nahrung aufnehmen. Sie treten in großen Individuenzahlen auf und spielen neben den Regenwürmern, Doppelfüßern, Waldschaben und Asseln eine wichtige Rolle als Primärzersetzer von Pflanzenresten und damit bei der Humusbildung im Regenwald.

Die plattgedrückten, feuchtigkeitsliebenden Landasseln (Oniscoidea) gehören zur Klasse der sonst wasserbewohnenden, kiemenatmenden Krebstiere (Crustacea). Die Innenseiten ihrer Hinterbeine müssen als „Kieme" von einem dünnen Wasserfilm überzogen sein. Die sie überdeckenden Außenäste der Beine schützen sie vor der raschen Verdunstung des Wasserfilmes und vor dem Austrocknen. Das Verdunstungswasser wird durch den Wassergehalt der mechanisch zerkleinerten Pflanzennahrung ersetzt. Zusätzlich können die Landasseln aber auch atmosphärischen Sauerstoff aufnehmen, da die Außenäste der beiden Hinterleibsfußpaare seitlich geöffnete Luftröhren (Tracheen) besitzen. Als Schutz gegen ihre Feinde (hauptsächlich Laufspinnen) dienen Hautdrüsen am Brustabschnitt.

Besonders artenreich und mit vielen für Sri Lanka endemischen Arten sind die Vertreter der Ordnung der Echten Spinnen (Araneae) vertreten, deren Körper sich in einen einheitlichen Kopfbrustabschnitt und einen stielförmig ansitzenden, sackförmigen Hinterleib gliedert, der nach allen Richtungen bewegt werden kann. Am Vorderkörper sitzen als erstes Gliedmaßenpaar die beiden Kieferfühler (Cheliceren), die einerseits zum Packen und Festhalten der Beute, andererseits zum Zerkleinern und Aussaugen der Nahrung dienen. Sie bestehen aus einem Grundglied und einer einschlagbaren Klaue, an deren Spitze die Giftdrüse ausmündet. Das zweite Gliedmaßenpaar ist bei den meisten Spinnenarten zu Kiefertastern (Pedipalpen) umgebildet. Sie dienen bei männlichen Tieren auch als komplizierter Kopulationsapparat. Die Fortbewegung erfolgt mit den vier folgenden Schreitbeinen. Auf den Spinnwarzen münden die Spinndrüsen, deren Sekret – zu den elastischen Spinnfäden ausgezogen – für den Netzbau oder für die Fertigung der

Eikokons dient. Als Atmungsorgane sind Fächer- oder Röhrentracheen ausgebildet, die mit paarigen Atemöffnungen am Hinterleib oder am Kopfbrustabschnitt beginnen. Die Sehorgane bestehen aus Einzelaugen in unterschiedlicher Anzahl am Vorderrand der Kopfbrust. Der behaarte Körper besitzt zahlreiche starre Borsten, die als Tastorgane dienen. Spinnen können geringste Erschütterungen und feinste Luft- und Schallwellen wahrnehmen.

Die Männchen sind meist kleiner als die Weibchen und lassen sich oft an ihren eigenen Spinnfäden vom Wind vertreiben. Vor dem Beginn der Begattung füllt das Männchen einen Spermatropfen, der an der Geschlechtsöffnung am Hinterleib austritt, in einen an der Spitze der Kiefertaster befindlichen Anhang. Bei der Annäherung an ein Weibchen werden vom Männchen, je nach Familie, Gattung und Art, genau festgelegte „Werberiten" eingehalten, um vom meist größeren Weibchen nicht gleich als „Beute" behandelt zu werden. Schließlich werden die Tasterspitzen in die weibliche Geschlechtsöffnung eingeführt und das Sperma eingespritzt. Die Männchen werden nach der Kopulation, wenn es ihnen nicht gelingt, rechtzeitig zu fliehen, von den Weibchen überwältigt und gefressen.

Die befruchteten Eier spinnt das Weibchen in einen Kokon ein, der bei vielen Spinnenarten vom Weibchen bis zum Ausschlüpfen der Jungtiere bewacht wird. Die zu den Kreuzspinnen gehörenden, rötlichbraunen Zacken- oder Stachelspinnen (*Gasteracanthus*-Arten) haben an ihrem Hinterleib lange, harte, spitze Fortsätze, die etwaige Feinde abhalten, sie zu fressen, wobei zusätzlich eine auffällige, weißgelbe Rückenzeichnung als „Warnfärbung" gedeutet werden kann. Die bodenlebenden Buschspinnen (Theraphosidae) sind tagsüber unter Steinen oder in Baumhöhlen versteckt, um bei Einfallen der Dämmerung auf Jagd zu gehen. Werden sie angegriffen, so richten sie sich auf den hinteren Beinpaaren fast senkrecht auf, wobei sie die vorderen Beinpaare und Kiefertaster emporheben und die Kieferfühler weit spreizen. Die Eigelege bringen die Weibchen in

Verstecken unter, oder sie tragen sie zwischen den Kiefertastern. Die Zitterspinnen (Pholcidae) sind seßhafte Netzbewohner, deren kuppelförmige Netzdecken oft einen Durchmesser von 20 bis 30 Zentimetern erreichen. Die 1 bis 2 Zentimeter messenden Spulspinnen (Hersilidae), laufen blitzschnell um ihre Beute (kleine Insekten) herum, wobei sie dem Opfer ihre Spinnwarzen zuwenden und mit dem austretenden Gespinst dessen Beine umspulen und „fesseln", um den Giftbiß anzubringen. In der artenreichen Spinnenfamilie der nur 2 bis 5 Millimeter großen Kugelspinnen (Theridiidae) werden zu den bisher weltweit bekannten 500 Spezies jährlich neue, meist tropische Vertreter gefunden und beschrieben. Mit einem Borstenkamm an ihrer Unterseite werfen sie einen aus den Spinnwarzen austretenden Spinnklebstoff über ihr Opfer, um den lähmenden Giftbiß anbringen zu können. Die Arten der Gattung *Dolichognatha* aus der Familie der Herbstspinnen (Metinae) spinnen horizontale Netzdecken, während ihre Eikokons in einer Wohnröhre abgesetzt werden. Die am Boden jagenden Wolfsspinnen (Lycosidae) nehmen ihre bewegliche Beute (Insekten, Asseln u. dgl.) mit ihren acht Augen wahr. Die Eikokons tragen die Weibchen an den Spinnwarzen befestigt mit sich umher, bis die Jungspinnen schlüpfen. Obwohl die meisten Kammspinnen (Ctenidae), die den Wolfsspinnen ähneln, meist eine Körperlänge von 3 bis 5 Zentimetern aufweisen, erreichen die beiden in den Regenwäldern von Sri Lanka lebenden Arten der Gattung *Diallomus* nur 5 Millimeter und gehören damit zu den „Zwergen" dieser Familie. Es sind sehr aggressive Tiere, die sofort in aufgerichtete Verteidigungsstellung gehen, den Körper hin- und herbewegen, wobei in der Erregung aus den Kieferfühlern Gifttropfen austreten. Die Sackspinnen (Clubionidae) sind, wie die Arten der Gattung *Oedignatha*, Röhrenbewohner, deren Gespinste sich an Steinen und Baumstämmen befinden, wobei sie oft allerlei Abfälle aufweben. Wie ihr deutscher Name verrät, können die 1 bis 2 Zentimeter großen Krabbenspinnen (Thomisidae) mit ihren extrem seitlich gestellten

Beinen wie Krabben gewandt seitwärts laufen. Ihre Gestalt und Färbung ist ausgezeichnet dem Untergrund angepaßt. Die einzelnen Arten imitieren Blüten, Rinden, Blätter und Knospen, ja sogar Vogelkot, wie bei der Gattung *Phrynarachne*! Dabei lauern sie als seßhafte Spinnen mit ausgebreiteten Beinen auf Insekten, die sie mit den zwei stachelbewehrten Vorderbeinen umgreifen, um sie mit einem raschen Biß zu lähmen.

Ungemein artenreich (weltweit über 3000 Spezies) sind die 1 bis 2 Zentimeter großen Spring- und Hüpfspinnen (Salticidae), von denen einige Arten, die von Sri Lanka beschrieben wurden, Käfer und Ameisen imitieren. So ahmt die Ceylon-Ameisenspinne (*Myrmarachne plataleoides*), die sich stets in der Nähe der Kolonien der Smaragd-Weberameisen (*Oecophylla smaragdina*) aufhält, die Gestalt einer Ameise in der Form und gleichen blaßgelben Färbung nach. Die Grundglieder ihrer nach vorne gerichteten Kieferfühler ähneln einem Ameisenkopf, wobei beiderseits ein Fleck ein Insektenauge vortäuscht. Die Springspinnen sind Bodenläufer, die ihre Beute im Sprung überwältigen, wobei sie einen „Sicherungsfaden" nachziehen, den sie vor dem Absprung anheften.

Unter den Insekten, der artenreichsten Tiergruppe, zeigen viele Gattungen und Arten die auf Sri Lanka gefunden wurden, eine nahe Verwandtschaft zur Fauna von Hinterindien und der malaiischen Inselwelt. Unter den Langfühlerschrecken (Ensifera) sind im Regenwaldgebiet vor allem viele Laubheuschrecken (Tettigoniidae) vertreten, wobei es unter ihnen alle Übergänge von räuberischen Arten bis zu fast reinen Pflanzenfressern gibt. Die Weibchen der meist ungeflügelten Sichelschrecken (Phanopteridae) besitzen messerscharfe, sichelförmige Legescheiden, mit denen sie ihre Eier in Blattspreiten oder in die Erde ablegen. Die Gespenst- oder Stabschrecken (Phasmidae) mit einer Länge zwischen 5 und 35 Zentimetern sind entweder von langgestreckter, flügelloser Gestalt in Form eines dürren Astes, wie die *Carassius*-Arten, oder haben einen abgeflachten Körper, der durch seitliche Verbreiterung und Grünfärbung eine Blattähnlichkeit besitzt, wie beim Wandelnden Blatt (*Phyllium siccifolium*).

Ein typischer Bewohner der feuchtwarmen Waldböden von Sri Lanka aus der Ordnung der Ohrwürmer (Dermaptera; 46 Arten, die Hälfte endemisch) ist der Ceylon-Zangenträger (*Gonolabis electa*). Der deutsche Name dieser Geradflügler ist irreführend, da sie weder „Würmer" sind noch in Gehörgänge von schlafenden Menschen schlüpfen. Ihre Vorderflügel sind kurze, abgestutzte Schuppen, die Hinterflügel dünn, durchsichtig und kaum zum Fliegen geeignet. Sie vermögen aber flink zu laufen und tragen am Hinterleib mächtige Zangen, die zur Verteidigung, zum Beutefang und beim Männchen zum Festhalten des Weibchens bei der Begattung dienen.

Als Moderfresser gehören die unter verfaulenden Blättern und Kräutern lebenden Waldschaben (Blattaria-Ectobiidae) zur „Gesundheitspolizei" des Waldes. Dagegen sind die mit ihnen verwandten Fangschrecken (Mantodea-Mantidae) hochspezialisierte Räuber, deren dornenbewehrte Vorderbeine zum Ergreifen der Beute dienen. Manche Arten zeigen bizarre Körperformen, wie die 10 Zentimeter große, langbeinige Wandelnde Geige (*Gongylus gongyloides*). Ihre geigenähnliche Gestalt ist durch ihren abgeflachten Körper mit einem achterförmigen Umriß bedingt.

Die in allen Subtropen und Tropen mit über 2000 Arten lebenden lichtscheuen, weißlichen Termiten (Isoptera) sind auf Sri Lanka mit zahlreichen Formen sowohl in der Feucht- als auch in der Trockenzone vertreten. Bekannt ist ihre soziale Lebensweise mit einer hochentwickelten Arbeitsteilung („Kasten") zwischen Geschlechtstieren und geschlechtlich degenerierten Arbeitern und Kriegern. Ihre Nester liegen teils unter der Erde oder in ausgehöhlten Bäumen, teils auch oberirdisch in Form von Hügeln. Diese bestehen aus Lateriterde, gekauten Pflanzenteilen, Holz und Kot, wobei das Baumaterial an der Luft steinhart wird. Auf Sri Lanka leben unter anderem Trockenholztermiten, wie *Postelectrotremes militaris* und *Neotermes tectonae* als Schädlinge in Teekulturen und an Nutzbäumen, während die *Termitogeton*-Arten nur verfaulendes Holz besiedeln.

Unter den Wanzen (Heteroptera), einer Ordnung der mit einem Saugrüssel ausgestatteten Schnabelkerfe (Hemipteroidea), finden sich sowohl an Pflanzen und an Tieren saugende Arten als auch Räuber. Die schlanken Stelzenwanzen (Berytidae), verwandt mit den Langwanzen (Lygaeidae), besitzen lange, dünne, knieförmige Fühler. Mit ihren sehr langen, dünnen Beinen, deren Schenkel keulenförmig verdickt sind, „stelzen" sie am Boden und auf Pflanzen, wo sie Insekten aussaugen.

Zahlreiche Gattungen der Schmetterlinge (Lepidoptera) von Sri Lanka sind bis in die malaiische Region verbreitet, besitzen aber eigene, endemische Arten auf der Insel, wie den Ritter- oder Edelfalter *Papilio jophon*, der mit der malaiischen Art *P. antiphus* nah verwandt ist. Im Bergland fliegen die Arten der Fleckenfaltergattung *Parthenos*, deren blaugrüne und weißgefleckte Flügel eine Spannweite von fast 10 Zentimetern erreichen. Als gute Flieger segeln sie hoch über den Wipfeln der Urwaldbäume, ohne die Flügel zu bewegen. Im gleichen Lebensraum finden sich, ebenfalls im eleganten Segelflug, die großen Arten der indoaustralisch verbreiteten Gattung *Hestia* aus der Familie der Monarchenfalter (Danaidae). Als auffallende Falter fanden sie sogar in die Sagenwelt der Einheimischen Eingang. An Lichtungen finden sich an Pfützen immer zahlreiche Schmetterlinge ein, wie der langschwänzige, hellgrüne Segelfalter *Graphium sarpedon*, um Wasser aufzusaugen. Beim Flug ermöglichen die langen Flügelschwänze den Faltern lange Strecken ohne Flügelschlag im Segelflug zurückzulegen.

Ein auffälliger Vertreter der Augenspinner (Saturnidae) ist der große, zartgrüne Mondspinner (*Actias selene*) mit rötlichen Augenflecken und langen, schwanzartig ausgezogenen Hinterflügeln mit violettem Mittelfeld. Seine Raupen ernähren sich vom Laub der Bäume; ihre Häutungsstadien unterscheiden sich dadurch, daß die jüngeren Raupen zuerst rötlich sind, während die älteren Stadien – vor der Verpuppung – eine lebhaft grüne Färbung aufweisen, wobei ihre abstehenden Haare dünner und länger werden.

Die artenreichste Insektengruppe stellen die Käfer (Coleoptera), und jedes Jahr werden der Wissenschaft neue Arten bekannt. Vor allem ziehen die Bäume der feuchtwarmen Wälder eine Fülle von Käfern an, wobei jede Baumart von bestimmten Formen besiedelt wird.

Im Holz bohren vor allem Prachtkäfer (Buprestidae), Bockkäfer (Cerambycidae), Rüsselkäfer (Curculionidae), Borkenkäfer (Scolytidae) und Kernkäfer (Platypodidae). Auf den Blättern finden sich, neben Pracht- und Rüsselkäfern, Blattkäfer (Chrysomelidae) und ihre in den Blättern minierenden Larven.

Bisher sind von Sri Lanka aus der Familie der Laufkäfer (Carabidae) 40 Unterfamilien mit 143 Gattungen (davon fünf endemisch) und 525 Arten bekannt, von denen 127 für die Insel endemisch sind. 114 Arten sind auch von Vorder- und Hinterindien und 103 Arten von der gesamten Orientalischen Region bekannt. Unter den räuberischen Sandlaufkäfern (Cicindelidae) besitzen die 1 bis 2 Zentimeter großen Arten der Gattung *Collyris* extrem dünne Beine, während auf ihrem zarten, stabförmigen Körper ein unproportional breiter Kopf mit großen Augen sitzt. Als Baumbewohner sind sie gute Flieger, während die Arten der nah verwandten, aber flügellosen Gattung *Tricondyla* schnelle Bodenläufer sind. Ihr schmaler, gekrümmter, etwas eingedrückter Hinterleib gibt den Käfern ein „buckliges“ Aussehen.

Die Fühlerkäfer (Paussidae) leben als „Ameisengäste“ in deren Bauten. Die 2 Zentimeter großen Käfer besitzen zweigliedrige Fühler, einen klobig-kugeligen Körper, die Beine sind verbreitert und können dicht angelegt werden, wodurch sie den Ameisenkiefern keine Angriffsfläche bieten. Sie ernähren sich von der Ameisenbrut und geben aus Drüsen ein Sekret ab, das die Ameisen gierig auflecken.

Eine Anpassung an das Leben unter der Rinde der Urwaldbäume, aber auch in Ameisen- und Termitennestern stellt der flache, harte Chitinpanzer der Stutzkäfer (Histeridae) dar, deren über 30 von Sri Lanka bekannten Arten Vertreter indomalaiischer Gattungen sind. Sie besitzen knieförmige Fühler und stellen rindenbewohnenden Insekten nach. Zu diesen zählen vor allem die über 40 bisher von Sri Lanka bekannten Borkenkäfer (Scolytidae). Sie sind düster braun bis schwarz gefärbt, und sowohl ihre Larven als auch die weiblichen Käfer legen unter der Rinde Gangsysteme an, in denen letztere ihre Eier in regelmäßigen Abständen ablegen. Die nah verwandten, walzenförmigen Kernkäfer (Platypodidae) „züchten“ in ihren Fraßgängen im Kernholz spezifische Pilze, die ihren Larven als Nahrung dienen.

Die sieben auf Sri Lanka vorkommenden, bis 9 Zentimeter großen Arten der Familie der Zuckerkäfer (Passalidae) aus der Überfamilie der Blatthornkäfer (Lamellicornia) ernähren sich von zuckerhältigen Säften, die aus den Wunden beschädigter Baumstämme austreten. Durch Reiben der Unterseite der Hinterflügel gegen rauhe Stellen des Hinterleibes vermögen sie bei Beunruhigung zu zirpen. Das Vorkommen der wenigen Arten der bis 8 Zentimeter großen Autokratkäfer (Trictenotomidae) ist, neben Sri Lanka, ausschließliche auf das tropische Südamerika beschränkt. Die Maikäferartigen (Melolonthinae) und die Riesenkäfer (Dynastinae) aus der Familie der Mai-, Rosen-, Dung- und Mistkäfer (Scarabaeidae) sind zum Teil gute Flieger, und ihre Färbung reicht vom fahlen Gelb bis zu auffälligen Farbkombinationen. Ihre Larven leben frei im Boden; sie ernähren sich zumeist von Wurzeln, während die Käfer an Kräutern, Blättern und Sträuchern fressen oder Dung- und Aasbewohner sind.

Von den Schnecken (Gastropoda) sind als Landbewohner der Insel bisher 21 Familien mit 54 Gattungen und 265 Arten beschrieben. Zahlreiche Gattungen und Arten sind für Sri Lanka endemisch und kommen vor allem im feuchtwarmen Berg- und Hügelland vor; einige endemische Arten sind auf das südwestliche Küstenland beschränkt. 132

Schneckenarten leben nur in der feuchtwarmen Zone, wie zum Beispiel die Gattung *Ratnavipia* mit flachen, durchscheinenden, dunkelbraunen Schalen und einer großen Gehäuseöffnung. Weiters die feuchtigkeitsliebende Gattung *Corilla*, deren Arten im Gebirge zwischen 1500 und 1700 Meter im Waldboden unter verrottenden Blättern graben. Besonders aktiv sind diese Schnecken nach Regenfällen, dann kriechen sie auch an der Oberfläche der Blätter. In den Wäldern über 1600 Meter leben die *Acavus*-Schnecken, besonders häufig ist die Blutmundschnecke (*Acavus haemastoma*), deren kugelige, dicke Schale meist eine grüne Algenauflage besitzt, die die darunterliegenden, breiten, braunen Spiralbänder verdeckt; die Ränder der Gehäuseöffnung sind blutrot gefärbt. Sie kriecht auf bemoosten Baumstrünken, aber auch bis in die Kronen von Bäumen, Palmen und Baumfarnen. Im gleichen Lebensraum findet man, vor allem nach Regenfällen, die schwarzbraunen Arten der Gattung *Tortulosa* mit konischen Schalen und einer charakteristischen Einbuchtung am oberen Rand der Gehäuseöffnung. Auffallend sind die feuchtigkeitsliebenden Nacktschnecken der Gattung *Vaginula*, deren Kriechfuß Querleisten aufweist. Die langgestreckten, gehäuselosen Schnecken mit abgerundeter, stark gewölbter Oberfläche und deutlichen Seitenkanten, in denen Einsenkungen mit Giftdrüsen liegen, ernähren sich von Pflanzenstoffen am feuchten Urwaldboden.

Im Kulturland tritt, ebenfalls nach Regenfällen und bei Einbruch der Dunkelheit, die von Afrika eingeschleppte Achatschnecke (*Achatina fulica*) gelegentlich in großer Zahl auf. Ihr hochgetürmtes, bauchiges, bis 15 Zentimeter großes Gehäuse ist von braunen Streifen überzogen. Infolge ihres großen Nahrungsbedarfes an grünen, saftigen Pflanzen vermag sie in Plantagen große Schäden anzurichten. Die zwittrigen Schnecken legen ihre 2 Zentimeter großen Eier in selbstgegrabenen Erdhöhlen ab. In der feuchten, hügeligen Zwischenzone im Mittelteil von Sri Lanka finden sich einige Arten der Gattung *Streptaxis*, bei deren schmalen, weißlichen Schalen der letzte Umgang exzentrisch zu den Windungen liegt. Sie graben unter abgefallenen Blättern und im feuchten Humus, wo auch die großen Arten der Gattung *Hemiplecta* anzutreffen sind. Ihre dünnen, strohbraunen Schalen weisen eine dunkelbraune Bänderung auf. Gardner's Baumschnecke (*Euplecta gardneri*) mit einem dunkelbraunen, längsgebänderten Gehäuse bevorzugt die Blattkronen in niederwüchsigen Wäldern, während *Oligospira skinneri* mit einer großen Schale und einem dicken Wulst längs der violetten Mündung häufig auf abgefallenen Blättern anzutreffen ist.

Nur in den Trockengebieten des Nordens und Nordostens, in Savannen mit Buschwerk, aber auch im Kulturland leben auf kalkreichen Böden die dickschalige, trockenresistente Nilgiri-Schnecke (*Cryptozona (Nilgiria) semirugata*) und – besonders häufig – zwei Arten der Flachspiral-Schnecken (*Planispira*), deren rauchbrauner Mundsaum stark erweitert ist. Die artenreichen Gattungen der Familie der Turmdeckelschnecken (Cyclophoridae) sind von Sri Lanka bis zu den Sundainseln verbreitet. Von den 92 auf Sri Lanka vorkommenden Arten (inklusive Variationen) sind 90 Prozent endemisch und meist auf kleine Areale beschränkt. Die kreisförmige Gehäusemündung der kreisel-kegelförmigen Schalen kann beim Rückziehen des Weichkörpers durch einen dünnen, hornigen Deckel verschlossen werden. Ist die Schnecke ausgestreckt, erkennt man am Kopf, zwischen den langen Fühlern, eine kurze, rüsselförmige Schnauze.

In den Feuchtgebieten Sri Lankas leben 37 Lurcharten, von denen 19 Spezies für die Insel endemisch sind. Die Blindwühlen oder Schleichlurche (Gymnophiona) erinnern äußerlich als wühlende Erdbewohner an große Regenwürmer. Ihre Haut ist quergeringelt, glatt-schleimig, die Augen sind rückgebildet, dagegen besitzen sie eine Ringfurche am Kopf, die einen Tastfühler umgibt, der vorgestreckt und zurückgezogen werden kann. Die 40 Zentimeter lange, aber nur 1,7 Zentimeter dicke, blauschwarze, endemische Ceylon-Wühle (*Ichtyophis glutinosus*) mit orangefarbenen, seitlichen Längsbändern und einem weißlichen Fühler findet sich unter feuchten Stellen in der Nachbarschaft von Gewässern, wo sie nach Würmern, Schnecken und Bodenkerfen sucht. Das Weibchen legt in Erdhöhlen ein Dutzend fast 1 Zentimeter große Eier ab, die durch einen Gallertstrang verbunden sind und vom Weibchen bewacht werden, bis die Jungtiere schlüpfen und vorerst das Wasser aufsuchen. Ihre drei roten Kiemenbüschel werden bis auf ein Kiemenloch wieder rückgebildet, und nach Erreichen einer Länge von 15 Zentimetern verlassen sie das Wasser und beginnen ihre wühlende Lebensweise.

Mit Ausnahme der Froschgattung *Nannophrys*, die nur auf Sri Lanka, sowie den Froschgattungen *Haplobatrachus* und *Cacopus*, deren Arten nur in Sri Lanka und Südindien vorkommen, sind alle anderen Froschgattungen weiter verbreitet. So besitzen die Ruderfrösche (*Rhacophorus*-Arten) zwar elf auf Sri Lanka endemische Arten, sind aber durch verwandte Spezies bis Madagaskar bzw. im Osten bis zu den Sundainseln verbreitet. Als Baumbewohner können sich die kleinen Fröschchen mit Haftscheiben auch an glatten Rinden und Ästen festhalten. Die Weibchen legen ihre Eier in Schaumnestern auf Zweigen in der Nähe von Gewässern ab. Beim Ceylon-Ruderfrosch (*Rh. microtympanum*) bleibt das Weibchen bei den 20 Eiern (ohne Nest), bis die Jungfrösche schlüpfen und das Wasser aufsuchen. In ganz Südasien einschließlich der Inseln (Sri Lanka, Sundainseln) findet sich in offener Landschaft, aber auch im Kulturgebiet der bis 8 Zentimeter große Indische Ochsenfrosch (*Kaloula pulchra*). Mit Hilfe schaufelförmiger Fersenhöcker vermag er sich schnell in den Erdboden einzugraben. Sein Kopf ist gelb, am Rücken trägt er einen dreieckigen, dunklen Fleck, während die gelbliche Unterseite braun gefleckt ist. Bei Belästigung kann er sich ballonartig aufblasen und dann die Luft unter Pfeiftönen wieder durch den Mund austreten lassen. Männchen und Weibchen gehen nur zur Paarungszeit ins Wasser, sonst suchen die nachtaktiven Tiere auf dem Land nach kleinen Insekten.

Von Sri Lanka sind 68 Gattungen (davon 12 endemisch) mit 159 Arten und Lokalrassen (98 endemisch) von Reptilien bekannt. Sie bewohnen überwiegend die feuchtwarmen Regenwaldgebiete, wobei sich im Gebirge viele altertümliche Reliktformen finden.

Die landbewohnenden Schildkröten sind durch zwei Arten vertreten: Die Sternschildkröte (*Testudo* [= *Geochelone*] *elegans*) fällt durch ihre gelbe Sternzeichnung auf dem höckrigen, stark skulptierten Panzer auf. Tagsüber ist sie in der Mittagshitze unter Pflanzen und Steinen verborgen und wird erst in der Morgen- und Abenddämmerung aktiv. Die Indische oder Schwarzbauchschildkröte (*Geomyda* [= *Melanochelys*] *trijuga thermalis*) mit einem flachen Panzer gehört zwar zur Familie der Sumpfschildkröten (Emydae), hält sich aber nur gelegentlich im Wasser, sondern meist auf feuchtem Boden auf, wo sie sich hauptsächlich vegetarisch ernährt.

Die mit Haftzehen versehenen Geckos (Gekkonidae) sind nicht selten in menschlichen Ansiedlungen anzutreffen, wo sie als nachtaktive Tiere an Mauern, Zimmerwänden, ja sogar an Zimmerdecken in der Nähe von Lichtquellen nach Insekten jagen. Die Männchen tragen dabei Revierkämpfe aus und machen sich durch lautes Zischen bemerkbar. Manche Arten, wie der Pazifikgecko (*Gehyra multilata*), der in Südostasien sowie auf indopazifischen Inseln weit verbreitet auftritt, haben in Sri Lanka ihr westlichstes Vorkommen. Durch Verschleppung (mit Handelsschiffen) gelangte auch der Asiatische Halbfingergecko (*Hemidactylus frenatus*) von Indien, Sri Lanka und Südasien über die Meere bis auf die pazifischen Inseln, ja sogar bis nach Australien, Südafrika und bis Mexiko! Ähnliche unfreiwillige Wanderer als „blinde Passagiere" sind der in den Tropen weit verbreitete Zigeunergecko .(*Hemiphyllodactylus typus*) und der Dünnfingergecko (*Lepidodactylus lugubris*).

Die erdgeschichtlich alte Familie der Agamen-Echsen besitzt auf Sri Lanka mehrere endemische Gattungen und Arten. Bei der Ceylon-Taubagame (*Cophotis ceylanica*) ist das

Trommelfell von einer feinen Haut überzogen. Sie trägt auf dem Rücken einen Schuppenkamm, besitzt einen kleinen Kehlsack, auf der Nase zwei Höckerschuppen und einen Wickelschwanz. Ihre Lebensräume sind das Buschwerk und bemooste, niedrige Bäume der feuchten Wälder bis in eine Höhe von 1500 Meter, wo eine hohe Luftfeuchtigkeit vorherrscht. Bemerkenswert ist, daß die vier bis fünf Jungechsen bereits in der Kloake des Muttertieres ihre Eihülle abstreifen (Ovoviviparie!). Den nur in den Bergwäldern vorkommenden, für Sri Lanka endemischen, bis 30 Zentimeter langen Lyrakopf (*Lyriocephalus ceylanica*) ziert auf der Nasenspitze eine dicke, runde Warze. Beim Männchen führen außerdem zwei Knochenleisten von der Nase über Augen und Schläfen in den Nacken, wo sie in zwei stumpfen Höckern auslaufen. Der Nacken trägt einen hohen Kamm, und der gelbe Kehlsack dieses „Miniaturdrachens“ ist schwarz gefleckt. Die Männchen der Nashornagamen (*Ceratophora*-Arten) tragen auf der Nase einen schuppigen Hornfortsatz, der bei *C. stoddarti* stilettartig ausgezogen, bei *C. tennenti* und *C. aspera* blattförmig verbreitert ist. Sie kriechen meist träge am feuchten Waldboden und über bemooste Baumstämme und Felsen, und nur *C. aspera* vermag kleine Sprünge zu vollführen. Bei der Wiegemann-Taubagame (*Otocypris wiegemanni*) ist das Trommelfell ebenfalls äußerlich nicht sichtbar. Sie vermag, mit Abstützung durch ihren langen Schwanz, gewandt auf den Hinterbeinen zu laufen. Das Männchen der bis 20 Zentimeter großen, langbeinigen Sita-Agame (*Sitana ponticeriana*) trägt einen prächtigen, dreifarbigen Kehlsack, der wie ein Fächer gegen die Brust zusammengefaltet werden kann. Besonders häufig trifft man in den Bergen die bis 30 Zentimeter langen, baumbewohnenden Schönechsen (*Calotes ceylonensis, C. liolepis*) mit kurzem Kopf, langem Schwanz und schlankem, seitlich zusammengedrücktem Körper. Sie vermögen wie ein Chamaeleon die Farbe von grün zu blau und rot zu wechseln, was vor allem bei Territorialkämpfen der Männchen zu beobachten ist. Mit dem Schwanz und ihren beweglichen Greifzehen vermögen sie auch auf dünnen Zweigen zu balancieren. Das seltene Sporn-Chamaeleon (*Chamaeleo calcaratus*), ein nacheiszeitlicher Einwanderer aus Indien, ist die einzige Art dieser Echsenfamilie auf Sri Lanka.

Die Echten Eidechsen (Lacertilia) sind nur durch die indomalaiisch verbreiteten *Cabrita*-Arten (*C. leschenaulti, C. jerdonii*) repräsentiert. Sie vermögen sowohl mit geöffneten als auch mit geschlossenen Augen zu sehen, da das untere Augenlid nicht mit dem oberen Lid verwachsen ist.

Artenreich ist die Gruppe der walzenförmigen, kurzbeinigen Glattechsen oder Skinke (Scincidae) mit einem spitzen Kopf und glatten, glänzenden Schuppen. Neben dem bodenlebenden Trugskink (*Lygosoma fallax*) ist der schwarzlila gebänderte Baumskink (*Dasia haliana*) zu erwähnen, der ganz ans Baumleben angepaßt ist und mit Hilfe der vergrößerten Haftplättchen an den Unterzehen flink bis in die höchsten Wipfelregionen zu klettern vermag. Das Weibchen legt nur zwei Eier unter Baumrinden ab. Die weitverbreitete Gattung *Mabuja* ist auf Sri Lanka durch fünf Arten vertreten, z. B. durch die bronzefarbene Gefleckte Mabuje (*M. macularia*) und die Gekielte Mabuje (*M. carinata*). Es sind bodenlebende, lebhafte Echsen, die sich gerne auf Felsen sonnen. Die wenigen (zwei bis drei) Eier vergraben die Weibchen im Boden. Der Gepunktete Riopaskink (*Riopa punctata*) ist langgestreckt, kurzbeinig und trägt einen dikken Schwanz. Er bevorzugt offenes Gelände, während der Ceylon-Waldskink (*Sphenomorphis taprobanensis*) unter der Waldstreu lebt und dämmerungsaktiv ist. Neben der bräunlichen Grundfärbung besitzen die Männchen eine blaue bis rötliche Kehle. Die im Boden wühlenden *Nessia*-Glattechsen haben zum besseren Durchbohren des Untergrundes eine keilförmige Schnauze, und zum Festhalten ihrer Beute (meist Regenwürmer) sind die Zahnspitzen nach hinten gerichtet. Ihre Augen sind stark rückgebildet. Von den fünf ausschließlich auf Sri Lanka vorkommenden Gattungen mit neun Arten lebt nur *Anguinicephalus hickanala* in der Trockenzone, dagegen die Arten der Gattung *Nessia* im

Regenwald. Bemerkenswert ist die Mikroevolution dieser Reliktformen von vierfüßigen zu fußlosen Arten. Bei *Nessia didactyla* sind noch Fußstummel ausgebildet, dagegen ist *N. smithii* fußlos und schlangenähnlich.

Die größten vierfüßigen Reptilien der Inseln sind der Binden- (*Varanus salvator*) und der schlanke Bengalenwaran (*V. (Indovaranus) bengalensis*). Letzterer erreicht eine Länge von 1,8 Meter und trägt auf der gelbbräunlichen Grundfärbung viele kleine, schwärzliche Pünktchen. Er klettert gerne und kann Bäume bis 20 Meter Höhe erklimmen. Der Bindenwaran, der über 2 Meter Länge erreichen kann, findet sich häufig in Wassernähe und vermag gut zu schwimmen. Er zeigt auf dunklem Grund ein Muster von verschiedenen Querbändern aus hellen Punkten und Rosetten. Die Warane ernähren sich von Fischen, Süßwasserkrabben, Echsen, Schlangen, Vögeln und ihren Eiern sowie von Kleinsäugern. Als eifrige Ratten- und Mäusejäger werden sie von den Einheimischen auch in der Nähe der Siedlungen gerne gesehen.

Von 58 auf Sri Lanka lebenden Schlangenarten sind 23 endemisch und kommen nur in bestimmten Gebieten der Insel vor. Die 15 bis 20 Zentimeter langen Blindschlangen (Typhlopidae) sind mit drei Arten vertreten (*Typhlops braminus, T. leucomeles, T. mirus*). Als urtümliche, bodenlebende Schlangen erinnern sie mit ihrem glatten, drehrunden Rumpf an große Regenwürmer, ihre Augen sind rückgebildet, der Kopf verkürzt und als „Wühlinstrument" kapselartig verfestigt. Sie kriechen bohrend entlang von Pflanzenwurzeln und suchen nach erdbewohnenden Käferlarven, Erdraupen, Ameisen und Termiten. Bodenwühler sind auch die drehrunden, bis 50 Zentimeter langen Schildschwänze (Uropeltidae) mit keilförmig zugespitztem Kopf und einem großen, seitlich zusammengedrückten „schildförmigen" Schwanz, einer Art „Anker", welcher der bohrenden Schlange in ihren Gängen Rückhalt gibt. Ihre Schuppen schillern in bunten, metallisch glänzenden Farben, und die Weibchen bringen ihre ein bis zehn Jungen lebend zur Welt. Sowohl der Ceylon- und der Phillips-Schildschwanz

(*Uropeltis ceylanicus, U. phillipsi*) als auch der Rüssel-Schildschwanz (*Rhinophis oxyrhynchus*) sind endemische Arten. Die drehrunde Gefleckte Röhren-, Roll- oder Walzenschlange (*Cylindrophis maculatus*), ebenfalls eine lebendgebärende Reliktform, wühlt metertief im feuchten Boden der Reisfelder. Bei Gefahr versteckt sie ihren Kopf unter den Windungen des walzenförmigen Schlangenkörpers und richtet den gekrümmten Schwanz in die Höhe.

Die dunkelbraun gefleckte Ceylon-Tigerpython (*Python molurus pimbura*) aus der Familie der Riesenschlangen (Boidae) ist mit einer Länge bis 6 Meter und einem Gewicht von fast 90 Kilogramm die größte Schlange in den Bergwäldern der Insel. Sie vermag sogar junge Leoparden, Wildschweine und Axishirsche zu erdrücken. Aber nicht alle Vertreter der Boiden sind „Riesen“, so erreicht die in Trockengebieten lebende Konische Sandboa (*Eryx conicus*) kaum einen Meter Länge! Die hellgrau beschuppte Schlange besitzt an der Oberseite deutlich abgesetzte, unregelmäßige, dunkelbraune Flecken, und ihr drehrunder Körper mit kurzem Schwanz und keilförmigem Kopf mit kleinen Augen ist an die Fortbewegung im lockeren, sandigen Bodengrund angepaßt. Sie ist lebendgebärend, dämmerungsaktiv und erdrosselt ihre Beute, kleine Echsen und Nager, durch Umschlingen.

Mit über 30 Arten sind die Nattern (Colubridae) mit einigen Relikt- und endemischen Formen vor allem im Regenwald anzutreffen. Die Schmuckschlange (*Elaphe helena*) kann sich als Kletternatter mit Hilfe von Längsleisten an den Bauchschuppen gut an den Unebenheiten der Baumrinden verankern und mühelos bis in die Wipfelregion der Urwaldbäume gelangen. Von den Einheimischen „geschätzt“ ist der Dhaman, die Rattenschlange (*Ptyas mucosus*), die, wie der deutsche Name schon sagt, nächtlich in den Dörfern nach Ratten und Mäusen jagt, wobei die angriffslustige, aber ungiftige Schlange in rasender Geschwindigkeit ihre Beute am Boden überwältigt, sich aber ebenso geschickt im Geäst der Bäume bewegt. Sie wird übrigens von

Schlangenbeschwörern als „Doppelgängerin“ der giftigen Kobra vorgeführt, da sie den Hals zurückschlagen und sich unter fauchenden Tönen etwas aufblasen kann. Die schlanke Gebänderte Rennschlange (*Coluber fasciatus*) ist ebenfalls ein guter Kletterer und jagt nach Echsen, Jungvögeln und Kleinsäugern. Ein langer, schmaler Kopf mit einer vierkantigen Schnauze geben der lebendgebärenden Bronze-Peitschennatter oder Baumschnüffler (*Ahaetulla bifrons*) ein merkwürdiges Aussehen. Die indomalaiisch weit verbreitete, kaum 50 Zentimeter lange Wolfszahnnatter (*Lycodon aulicus*) dringt vom Waldgebiet in der Nacht gerne in die Dörfer ein, um nach Mäusen und Geckos zu jagen. Der Biß dieser an sich ungiftigen Natter kann wegen der langen Oberkieferzähne ziemlich schmerzhaft sein. Die Zähne der Gepunkteten Vielzahnnatter (*Sibynophis subpunctata*) sind abgeflacht und stellen eine zusammenhängende Schneide dar, mit der sie vor allem hartschuppige Skinke „aufknackt“. Bei der Stolanatter (*Natrix stolata*), die bis Indonesien verbreitet ist, zeigt der Vorderkörper eine dunkle Querbänderung, der hintere Abschnitt weist dagegen eine auffallende Hell-dunkel-Längsstreifung auf. Die auf Bäume kletternden Nachtbaumnattern (*Boiga*-Arten) sind auf Sri Lanka mit drei Arten vertreten. Es sind sogenannte Trugnattern (Boiginae), die gefurchte Giftzähne im hinteren Oberkiefer besitzen. Die prächtig gefärbte Goldschlange (*Chrysopela ornata*) vermag sich von den Baumkronen in schräger Richtung herabzuschnellen und ruft dabei den Eindruck hervor, als ob sie ein Stück „fliegen“ würde. Die endemischen Arten der Gattung *Aspidura* graben in Wäldern in der Bodenschichte, aber auch in Teeplantagen und Gärten unter abgefallenen Blättern und Ästen, wo sie hauptsächlich nach Regenwürmern suchen.

Gefährliche Giftschlangen sind die Arten der Giftnattern (Elaphidae), wie die lichtscheue und träge Ceylon-Krait (*Bungarus ceylanicus*), die tagsüber im Dschungeldickicht liegt, wobei sie den Kopf unter den Körperschlingen verbirgt. Die glänzend schwarze, gelbgebänderte Schlange mit kantigem Rücken greift nur in der Nacht an, wobei sie hauptsächlich andere Schlangen als Nahrung verfolgt. Das von kleinen Giftzähnen abgegebene Nervengift lähmt das Atemzentrum des Opfers und kann bei einem gebissenen Menschen – was allerdings selten vorkommt – nach einer halben Stunde zum Tod führen. Am bekanntesten ist die von den Schlangenbeschwörern vorgeführte Ceylon-Kobra (*Naja naja naja*), eine Inselrasse, die über 2 Meter lang werden kann. Bei Erregung spreizt sie ihren Hals mit Hilfe verlängerter Rippen, wobei am Nacken eine schwarze Brillenzeichnung sichtbar wird. Der wissenschaftliche Name „*Naja*" entstammt dem indischen Sanskrit, wo „Naga" Schlange bedeutet. Sie lebt nicht nur im dichten Unterholz der Wälder, sondern findet sich auch in Reisfeldern und im besiedelten Gebiet, um in der Nacht Jagd auf Mäuse und Ratten zu machen. Sie frißt aber auch Echsen, Frösche und sogar Fische, wenn sie in der Nähe von Gewässern jagt. Die Menge von 0,0002 Gramm Kobragift (in Trockensubstanz) reicht zum Abtöten einer Ratte und mit einem Gramm Gift (reine Trockensubstanz) könnte man theoretisch 165 (!) Menschen umbringen.

Die Ottern (Viperidae) bezeichnet man als „echte" Giftschlangen, in deren stark verkürzten Oberkiefern je ein großer, nach hinten gebogener, röhrenförmiger Giftzahn steckt. Beim Zubeißen wird das Gift aus der Giftdrüse in den Zahn gepreßt. Die enthaltenen Bestandteile des Giftes schädigen die Wandungen der Blutgefäße und führen zur Blutgerinnung und Gewebeauflösung. Die Folge sind Schwellungen und nekrotische Verfärbung des Gewebes an der Bißstelle mit gleichzeitigem Auftreten von heftigen Schmerzen. Besonders gefürchtet ist die meterlange, prächtig gefärbte Ketten- oder Russel's Viper (*Vipera russeli*), auch Daboia genannt. Wie Kettenglieder zieren ihre Oberseite 20 bis 30 rotbraune, schwarz gerandete Ringflecken. Vom besonnten Dschungelrand dringt sie häufig bei ihrer Mäuse- und Rattenjagd bis ins bewohnte Gebiet vor, wo sie mehr Todesfälle als die Kobra verursacht. Die Schlange macht sich beim

Angreifen durch lautes Zischen bemerkbar, und ihr Biß bewirkt – falls kein Antiserum gespritzt wird – eine allmähliche Blutgerinnung und Blutvergiftung. Die 50 Zentimeter lange Sandrasselotter (*Echis carinatus*) mit hellen Rückenbinden erzeugt bei Beunruhigung ein rasselndes Geräusch, das beim Einrollen ihres Körpers durch das Aneinanderreiben von gesägten Kielen ihrer seitlichen Schuppen entsteht. Während sie in ihrem weiten Verbreitungsgebiet von Nordafrika über Arabien, Pakistan und Indien als besonders angriffslustig und als sehr gefährlich gilt, wird sie von den Trockengebieten von Sri Lanka als „beißfaul" und wenig giftig gemeldet.

Die grüngelben, bis 1 Meter langen, baumbewohnenden Lanzenottern (*Trimeresurus trigonocephalus, T. hypnale*) mit einem beweglichen, einrollbaren Wickelschwanz und großen, goldgelben Augen besitzen nur ein schwaches Gift und ernähren sich von Baumfröschen, Geckos, Jungvögeln und Mäusen. Das Weibchen gebärt bis zu 25 lebende Junge. Schließlich muß noch die Dreieckskopf- oder Nasenotter (*Agkistrodon hypnale*) mit einem charakteristischen, breiten, scharfkantigen und spitz auslaufenden Kopf und einem kurzen Nasenvorsprung erwähnt werden. Bei Erregung vibriert das hochgestellte Schwanzende, und die angreifende Schlange verursacht auf Sri Lanka bei den Einheimischen nicht selten schwere Bißvergiftungen.

423 Vogelarten (inklusive der Lokalrassen) wurden als Stand- und Zugvögel (Wintergäste) bisher auf Sri Lanka beobachtet und beschrieben. Ein Drittel aller Arten (und Lokalrassen) sind für die Insel bzw. für Sri Lanka und Südindien endemisch. Die Ruderfüßer (Pelecaniformes) leben als Fischfänger im Bereich der Küstenlagunen und Wassertanks, wie der Graupelikan (*Pelicanus philippensis*), dessen Gefieder am Rücken grau und an der Bauchseite grauweiß schimmert. Der große, schwere Schnabel ist gelbrötlich mit blauschwarzen Flecken und besitzt einen dehnbaren Kehlsack, der sich beim Schnabelöffnen ausweitet und mit dem der Vogel Fische aus dem Wasser „schöpft". Das Kör-

pergewicht des schwerfällig wirkenden Vogels kann bis 12 Kilogramm betragen, wobei allerdings das Skelett und die Haut lufthältig sind. Er steht auf kurzen, stämmigen, dunkelbraunen Beinen, und die langen, breiten Flügel erreichen eine Spannweite von fast 3 Metern. Die geselligen Tiere nisten in großen Kolonien, wo sie ihre Nester mit einem Durchmesser von 60 bis 90 Zentimeter mit einem Ringwall aus Ästen umgeben.

In größeren Wassertanks bemerkt man oft an der Wasseroberfläche einen langen, S-förmig gebogenen, schlangenartigen Hals, auf dem ein Vogelkopf mit einem Dolchschnabel sitzt. Damit harpuniert der dunkelbraune Indische Schlangenhalsvogel (*Anhinga melanogaster*) mit einem schnellen Vorstoß seine Fischbeute. Er sitzt gerne auf Bäumen am Ufer, um seine abgespreizten Flügel zu trocknen. Eine Verwandte ist die krähengroße, schwarzgefiederte Mohrenscharbe (*Phalacrocorax niger*), der häufigste Kormoran der Insel, der hauptsächlich bei den Wassertanks im trockenen, nördlichen Tiefland sein Astnest gemeinsam mit Reihern, Pelikanen und Störchen baut.

In Wassernähe leben auch die Schreitvögel (Ciconiiformes), wobei man besonders häufig den Paddy- oder Schopfreiher (*Ardea grayii*), den am Nacken vier lange, weiße Federn schmücken, in Reisfeldern oder in Seichtwassertanks antrifft, wo er nach Fischen, Fröschen und Wasserinsekten jagt. Sein aschgrauer Verwandter mit schwarzen, schmalen Schopffedern ist der 90 Zentimeter große Ostgraureiher (*Ardea cinerea rectirostris*). Langsam pirscht er seine Beute im Seichtwasser an und fängt sie durch blitzschnelles Zustoßen seines spitzen, gelbroten Schnabels. Im Flug wird bei den Reihern der Hals S-förmig abgebogen, bei den Störchen aber gerade nach vorne gestreckt. Der Graureiher nistet in Kolonien, ebenso wie der leuchtend weiße Seidenreiher (*Egretta garzetta*), dessen Schmuckfedern eine Länge von einem halben Meter erreichen. Sie waren früher für modische Zwecke sehr begehrt, weshalb dem Vogel eifrig nachgestellt wurde. Der Silberreiher (*Cosmerodius albus*) trägt ebenfalls lange, aber zerschlissene Schmuckfedern. Überall wo Rinder weiden, trifft man auf den weißen Koromandel-Kuhreiher (*Bubulcus ibis coromandus*), der rotbraune Schmuckfedern besitzt. Mit seinem kurzen, hellen Schnabel pickt er nach Insekten, welche das Weidevieh umschwirren. Der Nimmersattstorch (*Ibis leucocephalus*), erkennbar an seinem unbefiederten, weißgelben, nackten Kopf und Kehle, jagt tagsüber eifrig nach Fischen, Fröschen, Schlangen und Krabben im Seichtwasser. Schwarz sind dagegen der nackte Kopf und der Nacken, aber auch die Beine beim Schwarzkopf-Ibis (*Threskiornis melanocephala*), der meist in der Nacht im sumpfigen Gelände nach Kleingetier sucht.

Typische Bewohner der Küsten- und Inlandgewässer sind die Vertreter der Regenpfeifervögel (Charadiformes), wie der graubraune Wasserfasan oder das Blatthühnchen (*Hydrophasianus chirurgus*), dessen fasanartiger Schwanz bis 50 Zentimeter Länge erreicht. Gesicht und Vorderhals sind weiß, der Hinterhals dagegen goldgelb mit schwarzer Einfassung, die Flügel wieder weiß. Das Männchen baut ein Schwimmnest aus Pflanzenstengeln auf Lotos-Teichen und lockt balzend ein Weibchen an. Nachdem dieses vier Eier abgelegt hat, werden sie vom Männchen bebrütet, während das polyandrische Weibchen auch die Nester anderer Männchen aufsucht und so in bis zu zehn Gelege je vier Eier, also insgesamt 40 Stück, legt. Von Krabben und Weichtieren ernährt sich der graubraune, langbeinige Rotschenkel (*Tringa totanus eurhinus*), der sich gerne bei Brackwassertümpeln in der Nähe von Mangroven aufhält. Der Bruchwasserläufer (*T. glareola*), ein häufiger Wintergast, stelzt mit seinen grünen Beinen in Reisfeldern und Sümpfen. Durch sein Auf- und Abwippen auf aus dem Wasser ragenden Felsen in Fließgewässern macht der kurzbeinige, olivgrün gefleckte Flußuferläufer (*Actitis hypleucos*) auf sich aufmerksam. Dagegen stelzt der 38 Zentimeter große Stelzenläufer (*Himantopus himantopus ceylonensis*) mit langen, dünnen, roten Beinen in schlickigen Gewässern und Reisfeldern, um nach Wasserinsekten, Schnecken, Würmern und Krebschen zu suchen, die er mit seinem schwarzen, spitzen Schnabel aufpickt.

An den Ufern der Wassertanks, in Reisfeldern und im Ackerland der Tropenzone lenkt der Rotlappenkiebitz (*Lobianellus indicus*) bei Irritation durch seine lauten „Did-he-do-it"-Rufe von seinem Bodengelege ab. Charakteristisch ist ein nackter, roter Hautlappen, und beim Spreizen des Schwanzes wird eine schwarze Binde am weißen Schwanz sichtbar. Der oberseits lichtgrau gefärbte Vogel, dessen Oberkopf und Brustlatz sich vom Weiß des Halses und des Bauches abheben, ernährt sich hauptsächlich von Insekten. Der an der Oberseite graubraune Rifftriel (*Esacus recurvirostris*) besitzt einen kräftigen, hohen, aufgeworfenen Schnabel und an Gesicht und Flügeln breite, schwarzbraune und weiße Streifen. Im steinig-sandigen Ufer von Lagunen und Tanks sucht er nach Krabben und Wasserschnecken. Der gelbbraune, 40 Zentimeter große Indische Triel (*Burhinus oedicnemus indicus*) bevorzugt dagegen sandig-lehmiges Terrain im trockenen Brachland mit Sanddünen, wo er in der Dämmerung nach Insekten, Schnecken, kleinen Echsen und Mäusen jagt. Auffallend ist sein großes, bernsteingelbes Auge. Mit seinen langen Beinen ist er ein guter Läufer, der sich bei Gefahr zu Boden drückt und dabei ein lautes „Tri-ill" ertönen läßt.

Gute Flieger finden sich unter den Greifvögeln (Falconiformes), wobei der Ceylon-Schlangenhabicht (*Spilornis cheela spilogaster*) besonders häufig in Dschungelgebieten, aber – als Kulturfolger – auch bei Tee- und Gummiplantagen anzutreffen ist. Brust und Flügel sind breit gebändert, Schnabelansatz, Augenring und die unbefiederten Zehen leuchtend gelb. Er fliegt oft mit seinem lauten „Kukkuk"-Schrei über Lichtungen, um nach seiner Beute, Schlangen, Echsen, Fröschen und Nagern, Ausschau zu halten. Sein mit grünen Blättern umgrenzter Horst findet sich in Astgabeln an Waldrändern. Der häufigste Habichtvogel der Insel ist der taubengroße Ceylon-Shikra-Habicht (*Accipiter badis*) mit bräunlicher Brust. Seine kurzen Flügel und sein schlanker Schwanz ermöglichen diesem Greifvogel ein wendiges Fliegen, wobei er im offenen Land als „Pirsch- und Startfluggleiter“ vor allem Echsen erbeutet. Der bis 60 Zentimeter große Ceylon-Falken- oder Einfarbhaubenadler (*Nisaetus* [= *Spizaetus*] *cirratus ceylonensis*) besitzt einen auffälligen Haubenschopf aus langen, schwarzen Federn mit weißer Spitze, dunkelgraue Kopfseiten, einen schwarzen Schnabel und gelbe Augen. Seine gelben Beine sind befiedert, die Flügel kurz, der Schwanz dagegen verlängert. Er bevorzugt den offenen Buschwald der Trockenzone, wo er auf Bäumen Ausschau nach Echsen und Kleinsäugern hält. Der truthahngroße Weißbauch-Seeadler (*Haliaetus leucogaster*) findet sich nicht selten im Küstenbereich der Trockenzone in der Nähe von Lagunen und Flußmündungen. Als ruffreudiger, sehr gewandter Flieger segelt er nach einigen kraftvollen Flügelschlägen im Gleitflug dahin, um plötzlich einen Fisch oder eine Seeschlange zu ergreifen. Sehr auffällig ist an der Küste und in wasserreichen Landschaften die 50 Zentimeter große, rot-weiße Brahminenweihe (*Haliastur indus*), die man sogar im Hafen von Colombo antrifft, wo sie sich von Schiffsabfällen, sonst aber hauptsächlich von Krabben ernährt. Ihr Horst sitzt in Astgabeln und wird mit Lumpen, Papier und trockenem Schlamm verfestigt.

Aus der Gruppe der Hühnervögel (Galliformes) ist vor allem das für Sri Lanka endemische Lafayette-Dschungelhuhn (*Gallus lafayetti*) zu erwähnen. Der große, rote, gezackte Kamm des Hahnes („Feuerhahn“) besitzt ein weißen Fleck, die Oberseite des Gefieders schimmert rotbraun, seine langen Schwanzfedern zeigen einen grünblauen Glanz. Sein Krähen klingt wie ein läutendes „Tschio-tschotschiok“. Unscheinbar ist die weißgefleckte, braune Henne. Tagsüber huschen sie durch das dichte Unterholz des Dschungels, während sie in der Nacht auf Bäumen sitzen. Ein kleiner, scheuer, rundlicher, aber häufiger Bewohner des Regenwaldes ist das endemische Ceylon-Spornhuhn (*Galloperdix bicalcarata*), das bis in eine Höhe von 2000 Meter anzutreffen ist. Während die Henne ein einheitliches, braunes Gefieder trägt, zeigt der Hahn, neben einer dunkelbraunen Vorder- eine weißgesprenkelte, schwarze Hinterseite. Schnell laufend ernährt sich dieser Grundvogel von Samen, Beeren, aber auch von Termiten, wobei er ständig abgefallene Blätter umdreht.

Auch der Wildpfau (*Pavo pavo* [= *cristatus*]) ist ein Bewohner des dichten Dschungels. Der prächtige, grünblaue Hahn mit einem purpurroten Kopf mit Federkrone und langen schleppenartigen Schwanzfedern mit Augenflecken frißt mit Vorliebe junge Kobras. Die Zwerg- oder Chinawachtel (*Excalfactoria chinensis*), oben braun, unten rötlich und an Kinn und Kehle schwarz-weiß gefiedert, bevorzugt offene Graslandschaften. Sie lebt in Einehe; bei der Balz umkreist der Hahn mit nach außen gespreizten Flügeln die Henne, wobei er seine schwarz-weiße Gesichtszeichnung und die rötliche Unterseite präsentiert. Die Brutpflege der nur hummelgroßen Küken obliegt dem Hahn. Ein besonderes Brutverhalten findet sich bei der Schwarzbrust-Kampfwachtel (*Turnix suscitator leggei*), bei der die Hennen größer sind als die Hähne. Sie kämpfen mit anderen Hennen um das Brutrevier, wobei sie mit ihrem Schnabel auf die Stirn der Gegnerin hacken. Dabei stoßen die kämpfenden Hennen weitklingende Rufe, die wie „Hu-ha" klingen, aus, indem aus ihrer verbreiterten Luftröhre die über dem Kehlkopf gestaute Luft wie aus einem Blasebalg entweicht. Nach der Werbung um mehrere Hähne und der Eiablage bewachen letztere die ausschlüpfenden Küken.

Unter den Tauben (Columbiformes) der Insel gibt es einige farbenprächtige Arten. Bei der Grünen Pompadourtaube (*Treron pompadora*) leuchtet der Kopf grün und gelb, die Flügel sind beim Männchen braun, beim Weibchen grün, und zwei Mittelschwanzfedern leuchten oben olivgrün und unten weiß. Als gute Kletterer suchen diese Waldbewohner auf Bäumen nach Früchten. Bei der scheuen Kaisertaube (*Ducula aenea pusilla*) der Tieflandwälder ist die Oberseite erzgrün, Kopf, Hals und Unterseite dagegen hellgrau. Mit ihren starken Beinen klettern sie von Ast zu Ast und ernähren sich von Wildfrüchten und Beeren, die sie, ohne Zerkleinerung, mit dem stark erweiterten Schnabelgrund und Schlund aufnehmen. Die graue Ceylon-Bronzeflügel- oder Emeraldtaube (*Chalcophaps indica robinsoni*), eine häufige Bewohnerin von gebüschreichen Wäldern, sucht trippelnd mit vorgeschobenem Kopf am Boden nach Samen und abgefallenen Früchten (vor allem von *Sapinum sebiferum* und dem Wunderbaum *Ricinus communis*). Morgens ertönt das Gurren der endemischen Ceylon-Bindengrün-Waldtaube (*Columba torringtoni*). Ihr Kopf ist grau, der braun gerandete Nacken schwarz-weiß, Flügel und Schwanz dagegen dunkelgrün. Das Männchen ziert ein auffälliges, purpur-oranges Brustband. In den Bergwäldern suchen die scheuen, paarweise lebenden Tauben nach Früchten und Beeren (besonders vom Wilden Zimt).

Ein Vertreter der Papageien (Psittaciformes) ist das endemische, nur sperlingsgroße Ceylon-Rotkrönchen (*Loriculus beryllinus*). Das Grün seines Gefieders harmoniert mit den Blättern der Bäume. Der rote, plumpe Oberkopf besitzt gelbe Binden, die Schwanzbasen sind rot gestreift. Sie finden sich häufig im Feuchtgebiet des Tief- und Hügellandes und bevorzugen als Nahrung saftige Früchte, Casuarinen-Samen und Nektar, naschen aber auch bei Gelegenheit von Töpfen mit „Palmwein“. Beim Schlafen hängen sie kopfüber von den Bäumen. Die Flachlandwälder, aber auch baumreiche Dorfgärten und die Parks von Colombo sind der bevorzugte Lebensraum des 42 Zentimeter großen, grünen Halsbandsittichs (*Psittacula krameri manillensis*) mit rotem Schnabel, schwarzer Kehle und rosarotem Halsband. Da er oft in Trupps bis zu 100 Individuen auftritt, kann er auf Reisfeldern großen Schaden anrichten. Der mit einer Kopf-Schwanzlänge bis 44 Zentimeter große, blaugraue Alexandersittich (*Psittacula eupatria*) mit einem rostbraunen Fleck auf der Schulter verdankt seinen Namen Alexander dem Großen, der von seinem Feldzug nach Indien einige Exemplare nach Griechenland mitbrachte. Die kleinste Inselart ist der Pflaumenkopfsittich (*P. cynaocephala*), dessen Männchen einen rot-blauen Kopf besitzt. Er ist häufig im Hügelland anzutreffen und als Knospen-, Samen- und Früchtefresser oft ein Plantagenschädling. Schließlich ist noch der endemische Smaragdhalsband-Sittich (*P. calthorpae*) zu erwähnen; unter seinem dunkelgrünen Kopf verläuft ein leuchtend grünes Band, und seine Flügel schimmmern blauviolett.

Als Brutparasiten sind die Kuckucke (Cuculiformes) bekannt. Der taubengroße, aber schlanke Kurzflügel- oder Indische Kuckuck (*Cuculus micropterus*) legt als Hochwaldbewohner seine Eier gerne in das Nest des Rotschwanzwürgers (*Lanius cristatus*), nistet sich aber gelegentlich auch bei Drongos, Fliegenschnäppern und dem Schwarzkopfpirol ein. Der Gabel- oder Drongo-Kuckuck (*Surniculus lugubris*) mit einem metallisch glänzenden Gefieder, erinnert mit seinem leicht leierartig gekrümmten, gabeligen Schwanz an einen Drongo (*Dicrurus*-Arten). Der Sirkik- oder Ceylon-Habichtskuckuck (*Hierococcyx varius cicelia*) wird auch als „Hirnfieber"-Vogel bezeichnet, da die irritierende ständige Wiederholung seines Rufes während der heißesten Tageszeit an die englischen Worte „brain-fever" (Hirnfieber) erinnert. Der schlanke Vogel hat mit seiner dunkelbraunen Färbung ein ähnliches Aussehen wie der Shikra-Habicht (*Accipiter badius*), nur der gelbrote, gekrümmte Schnabel ist kürzer. Im feuchten Hügelland, in Gärten und Teeplantagen frißt er gerne Raupen, aber auch Beeren und Wildfeigen. Weit verbreitet und nicht selten in Parkanlagen ist der baumbewohnende Koël (*Eudynamys scolopaceus*) anzutreffen, der sich stets in der Nähe von Krähen aufhält. Während das einfarbig schwarz glänzende Männchen die Krähen weglockt, legt das braunfleckige Weibchen ein krähenähnliches Ei ins Krähennest. Der durchdringende, an „Kuil-kuil-kuil" erinnernde Ruf während der heißesten Tageszeit ist für viele Einwohner entnervend.

Von den Eulen (Strigiformes) ist die taubengroße, braun und schwarz-weiß gefleckte Ceylon-Bay-Eule (*Dhodilus badilus assimilis*) als scheuer, nächtlich aktiver Waldvogel nur selten im feuchten Hügelland zu erspähen. Dagegen ist der Ceylon-Fischuhu (*Ketupa zeylonensis*) während der Dämmerung relativ häufig an Flußufern anzutreffen. Seine Füße sind unbefiedert, und Hornzäpfchen an den Fußsohlen ermöglichen mit ihrer rauhen, griffigen Fläche das Ergreifen der glatten, schlüpfrigen Fischbeute.

Hoch in den Lüften, aber auch auf Telegraphendrähten sitzend, kann man die Segler (Apodiformes) beobachten. Der Indische Einfarbsegler oder die Salangale (*Callocalia fuciphaga unicolor*) brütet in tiefen Felshöhlen und sogar in Tunnels. Das tassenförmige Nest in ihren Kolonien besteht aus gallertigem Speichel, vermischt mit Moosen und Pflanzenfasern. Es trocknet zu einer Art Gelatinesubstanz, die früher für die sogenannte „Schwalbennester-Suppe" verwendet wurde. Beim Baum- oder Haubensegler (*Hemiprocne longipennis coronata*) erhebt sich von der Schwanzwurzel steil ein flacher, querer Federstutz. Die Oberseite des Vogels ist hellgrau bis blau, der Bauch weiß, die Flügel schwarz mit grünlichem Glanz und der gegabelte Schwanz mit langen Außenfedern. Er schwebt hoch über den Flußtälern und Schluchten, wobei er im Flug nach Insekten jagt. Sein winziges, flaches Nest aus Ästen, Rindenstücken und Federn klebt er, wie das einzige Ei, an Baumäste.

Auf Sri Lanka leben mehrere Arten der großen Rackenvögel (Coraciformes), wie die krähengroße Bengalracke (*Coracias benghalensis indica*), die mit ihrem blauen Gefieder einem großen Eisvogel ähnelt, aber einen kurzen Schnabel besitzt. Als kurzbeiniger Baumvogel fliegt sie von Ast zu Ast, findet sich aber auch in Kokos- und Palmyrapalmen-Plantagen ein oder sitzt am Straßenrand auf Telegraphendrähten, um Ausschau nach Insekten oder Echsen zu halten. Der 40 Zentimeter große Gurial oder Schillernde Storchschnabel (*Pelargopsis capensis gurial*) besitzt als „Eisvogel" einen mächtigen, roten Schnabel mit aufwärts gebogener Schneide und abgeplattetem First. Kopf, Nacken und Brust sind bräunlichorange, Rücken und Flügel schillernd grünblau.

Er bevorzugt die Ufer von Flüssen, Wassertanks und Mangroven, wo er sich von einem Ast, der über das Wasser ragt, auf seine Fischbeute stürzt. Der 28 Zentimeter große Indische Schecken- oder Graufischer (*Ceryle rudis leucomelania*) besitzt ein schwarz-weiß geflecktes Gefieder und jagt flatternd über der Wasseroberfläche. Sein tunnelförmiges, bis 1 Meter langes und 10 Zentimeter hohes Nest gräbt er in steile, ausgewaschene Erdwände eines Flußufers. Die Ceylonrasse des weitverbreiteten, sperlingsgroßen Eisvogels (*Alcedo atthis taprobana*) mit einer prächtig schillernden, blau-grün gefleckten Oberseite findet sich häufig an allen Gewässerufern zwischen der Küste und dem Hügelland.

Der krähengroße Ceylon-Grauhornvogel (*Tockus gingalensis*) lebt paarweise in den Wäldern des Hügellandes und macht sich durch sein krächzendes „Kaa-kaa-ka-ka-ka-ka“ bemerkbar. Der scheckige Malabar-Hornvogel (*Anthracoceros coronatus*) mit schwarz-weißem Gefieder, langem, weißem Schwanz mit spitzem Aufsatz, nacktem Hals und Kinn wiegt den Kopf in schlangenhaften Bewegungen und lebt in kleinen Trupps in den Trockenwäldern. In der Brutzeit wird das Weibchen vom Männchen mit Lehm und eingetrocknetem Schlamm bis auf ein Loch in eine Baumhöhle „eingemauert“ und gefüttert. Beim Flüggewerden der Küken erweitert das Weibchen wieder die Öffnung, um das „Gefängnis“ zum Füttern der Jungen zu verlassen.

Zu den Spechtartigen (Piciformes) zählen neben den Echten Spechten auch die Bienenfresser und die Bartvögel. Der größte Specht der Insel ist der 30 Zentimeter messende Schwarzmantelspecht (*Chrysocolaptus festivus tantus*) mit rotem Schopf, weißem Nacken und gelbem Rücken. Er lebt in kleinen Kolonien in Kokoshainen der nördlichen Trockengebiete und meißelt seine Nisthöhlen in Palmstämme. Dagegen bevorzugt der Sultanspecht (*Chr. lucidus*) die Wälder des feuchten Hügellandes. Sein Scheitelschopf ist rot, am weißgefiederten Hals verlaufen fünf schwarze Streifen, und der Rücken ist schwarz-oliv gefärbt. Beim Goldrückenspecht (*Brachypternus benghalensis jaffnenis*) leuchtet die Oberseite goldgelb, während die Inselrasse des Rotrückenspechtes (*B. b. erithronotus*) leuchtend rot gefärbt ist. Er findet sich auf der ganzen Insel und besucht auch die Gärten von Colombo und Kandy. Seine bevorzugte Nahrung ist die Smaragdameise (*Oecophylla smaragdina*). Der kleine, gelbwangige Maharattaspecht (*Dryobates maharettensis*) bevorzugt im nördlichen Trockenbusch die Kandelaber-Euphorbie (*Euphorbia antiquorum*), um nach Ameisen zu suchen.

Von Büschen, aber auch von Telegraphendrähten am Straßenrand hält der sperlingsgroße, langschwänzige Ceylon-Grünkehl-Bienenfresser (*Merops orientalis ceylonicus*) Ausschau nach Insekten. Sein Verwandter, der Blauschwanzspint (*M. superciliosus philippinus*), ist ein Wintergast aus Nordindien. Sein grüner Kopf besitzt einen breiten, blauen Wangenlängsstreifen, die Kehle ist rostbraun, das Körpergefieder grün und der blaue Schwanz durch mittlere Steuerfedern verlängert. In der Nähe von Gewässern kann man ihn sowie den Grünen Hinduspint (*M. viridis*) nicht selten bei einem plusternden Bad beobachten.

Die Bartvögel (Capitonidae) sind an den steifen Borsten am Schnabelgrund über den Nasenlöchern zu erkennen. Der Gold- oder Gelbwangenbartvogel (*Cyanops flavifrons*) findet sich häufig im Hügelland, wo er als Nahrung Früchte, wie Guaven und Papayas, bevorzugt. Der Braunkopf- oder Ceylonbartvogel (*Thereiceryx zeylanicus*) lebt sowohl im feuchten Dschungel als auch an Lichtungen und in den Gärten der Ansiedlungen. Er macht sich durch sein monotones „Kuk'ra-kuk'ra" bemerkbar. Ein brauner, hell gestrichelter Kopf mit einem nackten, gelben Augenring ist für den 25 Zentimeter großen Ceylon-Grünbartvogel (*Megalaima zeylanica*) charakteristisch, der seine Nisthöhle in morschen Baumstümpfen und zwischen dürren Ästen anlegt. Den 17 Zentimeter großen Kupferschmied (*Xantholaema* [= *Megalaima*] *haemocephala indica*) erkennt man an seiner roten Kopfoberseite, den gelben Wangen und dem roten Brustband auf seinem goldgrünen Gefieder. Er läßt Tag und Nacht, selbst in der Mittagshitze, seinen metallischen

Doppelruf „Tonk-tonk-tonk-wonk-wonk-wonk“ ertönen und wippt dabei im Takt mit Kopf und Schwanz.

Eine Sammelgruppe verschiedenster Vogelfamilien stellt die Ordnung der Sperlingsvögel (Passeriformes) dar. Eine Kulturfolgerin, die in küstennahen Dörfern und Städten überall in Trupps durch ihr Krächzen aufmerksam macht, ist die Glanz- oder Hauskrähe (*Corvus splendens protegatus*) mit grauem Nacken, während die größere, ganz schwarze Dschungel- oder Dickschnabelkrähe (*C. macrorhynchus calminatus*) das Walddickicht des Berglandes bevorzugt. Die endemische Blauschweifkitta oder Blaue Ceylonelster (*Cissa* [= *Urocissa*] *ornata*) verdankt ihren Namen dem azurblauen Gefieder sowie den langen, blauen, weiß eingesäumten Schwanzfedern. Der Kopf ist kastanienbraun, das Auge rot umrandet und der Schnabel rostrot. Im dichten Gebirgsregenwald hüpft der scheue, aber geräuschvolle Vogel von Ast zu Ast, um nach Insekten und Baumfröschen zu suchen; er nascht aber auch gerne an den Früchten des *Freycinetia*-Baumes.

Der 12 Zentimeter große Blaue Samtstirnkleiber (*Sitta frontalis*) vermag auf den Baumstämmen nicht nur aufwärts, sondern auch – als einziger Vogel – kopfabwärts zu laufen. Seine Oberseite besitzt ein blaues, seine Unterseite ein hellrosa Gefieder, während die Stirn schwarz-samtig und der Schnabel rotbraun gefärbt sind. In den Wäldern der Feuchtzone lebt, bis in eine Höhe von 1500 Meter, die Schwarzkappen-Baumtimalie (*Turdoides cinereifrons*) mit kurzen, schwarzen, runden Flügeln, rotbrauner Oberseite, weißer Brust, schwarzem Kopf und Schnabel, grünen Beinen. In kleinen Trupps hüpfen die Vögel „schwätzend“ von Baum zu Baum, um Insekten zu suchen. Die sperlingsgroße, braungefiederte Schwarzstirntimalie (*Rhopocichla atriceps nigrifrons*) bevorzugt das Feuchte Tiefland (die Rasse *siccatus* das Hügelland), wo sie in dichten, schattigen Wäldern in kleinen Trupps umherschweift.

Durch rauhe, kräftige Pfifflaute erregen als Morgensänger die stimmfreudigen Haarvögel oder Bülbüls (Pyconotidae) die Aufmerksamkeit. Sie sind meist Bewohner der Urwaldberge, besuchen aber auch dichtbewachsene Gärten, um nach Insekten und Früchten zu suchen. Der endemische, grüngefiederte Gelbohrbülbül (*Kelaartia penicillata*) trägt am schwarzen Kopf ein gelbes Federbüschel hinter dem Auge. Bei seinem Verwandten, dem ebenfalls endemischen Schwarzkappenbülbül (*Pyconotus melanicterus*) kontrastiert sein schwarzer Kopf zum gelbgrünen Federkleid mit einem dunkelbraunen, getupften Schwanz. Der 20 Zentimeter große Goldmantel-Goldstirn-Blattvogel (*Chloropsis aurifrons insularis*) ist trotz seiner prächtigen Färbung nur schwer in den Baumkronen auszumachen. Von der Stirn bis zum Nakken und der Oberseite leuchtet sein Gefieder goldgelb, der Hals ist dunkelblau, die Flügel grün gefärbt. Er ahmt gerne den Gesang anderer Waldvögel nach und fängt mit seinem spitzen, leicht gebogenen Schnabel Insekten und Spinnen, pickt aber auch nach Beeren und holt sich Nektar aus Blüten („Bienenvögel“). Im trockenen Tiefland lebt dagegen Jerdon's Blattvogel (*Chl. jerdoni*) mit einem leuchtend grünen Gefieder, von dem sich beim Männchen eine schwarze Kehle abhebt. Die häufige, sperlingsgroße Schwarzflügel-Iora (*Aegithina tiphia multicolor*) bevorzugt ebenfalls die Trockenzone, wo sie an Waldrändern, im Gebüsch und in Gärten durch das Blattgewirr hüpft und nach Raupen sucht.

Die große, kräftige und starkbeinige Ceylon-Berg- oder Daumadrossel (*Oreocincla dauma imbricata*) ist oben olivbraun, an der Unterseite dagegen dunkelgelb gefiedert. Beim Auffliegen wird am Unterflügel ein weißes Band sichtbar. Sie steigt im Gebirge bis über 1500 Meter und wendet als Bodenbewohnerin im Unterholz beim Suchen nach Würmern und Kerbtieren eifrig die abgefallenen Blätter um. Die endemische Gefleckflügelige Drossel (*O. spiloptera*) des Hügellandes besucht häufig das Gestrüpp von Kardamom- und Kokosplantagen. Ein interessantes Verhalten beim Nestbau zeigt der oben olivgrüne und unten braun-weiße Schneidervogel (eine Grasmücke, Syliviidae), der auf Sri Lanka in zwei Lokalrassen vorkommt, vom Tief- bis zum niederen Hügelland mit *Orthotomus sutorius sutorius* und im höheren Bergland mit *O. s. fernandonis*. Er ist auf Sri Lanka ein weit verbreiteter Vogel, der sowohl das Unterholz des Dschungels als auch Hecken und Gärten aufsucht. Das 14 bis 17 Zentimeter große Männchen trägt einen abgestumpften, 9 Zentimeter langen Schwanz mit nadelförmig verlängerten Mittelfedern. Beim Nestbau faltet der Vogel ein großes Blatt oder vereinigt mehrere kleine Blätter zu einer Tüte, sticht mit dem Schnabel Löcher und zieht als „Garn" verdrehte Baumwolle, Bastfasern oder Spinnweben hindurch und vernäht sein Nest, wobei er am Fadenende einen Knoten dreht.

Beim Schwarzkopf-Raupenfänger (*Coracina sykesi*) sind beim flink hüpfenden Männchen die grauen Flügel und der Schwanz bei den Mittelfedern weiß gefleckt. Er bevorzugt offenes Waldland und Hecken und jagt eifrig nach Raupen, kleinen Motten und Heuschrecken. Beim auffällig gefärbten Orange-Mennigvogel (*Pericrocotus flammeus*) ist beim Männchen die orange gefleckte Oberseite schwarzblau, die Unterseite lebhaft orange, beim Weibchen gelb. Er ist häufig im Bergland in dichten Wäldern, aber auch auf Albizzien (*Albizzia* ssp.) und Silbereichen (*Grevillea robusta*), die in Teeplantagen als Schattenspender angepflanzt werden, sowie an Flußufern anzutreffen. Die weit umherziehenden Vögel bieten einen wunderbaren Anblick, wenn sie hintereinander eine Schlucht überfliegen.

Ein langer, gegabelter Schwanz charakterisiert den Ceylon-Drongo (*Dicrurus caerulescens*), der in der Feuchtzone des Tieflandes mit der Lokalrasse *caerulescens* vertreten ist, deren Oberseite preußischblau, der Bauch jedoch weiß ist, während bei der Lokalrasse *insularis* im trockenen Tiefland auch der Rücken weiß gefärbt ist. Die Drongos bevorzugen baumbestandenes Gelände (Gärten, Plantagen) und sitzen häufig auf Telegraphenstangen und -drähten, von denen sie blitzartig auf ihre Beute (Insekten) stoßen. Bei gebremstem Flug können sie eine scharfe Wendung machen, wobei der lange Schwanz eine Drehung um die Längsachse verhindert. Einen besonders langen Schwanz (bis 68 Zentimeter) besitzt der nur drosselgroße Flaggendrongo (*Dissemurus* [= *Dicrurus*] *paradiseus ceylonensis*), dessen Randschwanzfedern mit drahtigen Schäften an den Enden spatelförmig verbreitert sind. Die schwarzgefiederten, endemischen Vögel sind Bewohner der Trockenzone, fangen im Flug Insekten und bauen zur Brutzeit Korbnester.

Der Schwarzkopfpirol (*Oriolus xanthornus ceylonensis*) besitzt ein goldgelbes Gefieder und schwarze Flügel. Morgens ertönt sein Flötengesang, dann fliegt er von Baum zu Baum und frißt neben haarigen Raupen auch Früchte, vor allem wilde Feigen. Als Käfigvogel wird gerne der 30 Zentimeter große Hügelatzel oder Indische Beo (*Gracula* [= *Eulabes*] *religiosa indica*) gehalten, da er Geräusche und auch menschliche Worte nachahmen kann. Er besitzt ein glänzend schwarzes Gefieder mit einem weißen Spiegel unter den Flügeln, einen roten, an der Spitze gelben Schnabel, gelbe Beine und am Kopf zwei Paar großer, gelber Hautanhänge. In kleinen Trupps streunen die Beos an Waldrändern vom feuchten Hügelland bis zum Gebirge und bevorzugen als Nahrung Früchte, Beeren und die Samen des Sapubaumes (*Michelia champaca*). Der endemische Ceylon-Beo oder Dschungelatzel (*G.* [= *E.*] *ptilogeniys*) besitzt nur ein Paar Hautanhänge und bevölkert als rastloser Wanderer in lärmenden Scharen, laute Pfiffe ausstoßend, die Baumwipfel der dichten Regenwälder bis 2000 Meter Höhe.

Eine typische Kulturfolgerin ist die 25 Zentimeter große Hirten- oder Trauermaina (*Acridotheres tristis*) mit der endemischen Ceylonrasse *melanosternus*. Der lilabraune Starenvogel baut seine Kugelnester mit Vorliebe in der Nähe menschlicher Ansiedlungen, wo er in Gärten, aber auch auf den Straßen anzutreffen ist. Auffällig sind ein gelbes Augenfeld, der gelbe Schnabel und ein großer, weißer Flügelspiegel. Neben Insekten und Früchten sucht die Maina sogar in Abfallhaufen nach Nahrung.

Zu den Webervögeln (Ploceidae) gehört der Bajaweber (*Ploceus philippinus*), der in Kolonien auf einzeln stehenden

Bäumen nistet und aus Halmen und Blattstreifen hängende, kugelförmige Nester mit einer langen Einflugröhre „webt". Das Männchen besitzt einen leuchtend gelben Oberkopf und Brust, der Rücken ist braungelb gestreift; das unscheinbare Weibchen ähnelt einem Sperling. In großen Trupps bewohnen sie die Trockenzone und fressen neben Insekten auch Samen von Kulturpflanzen (Reis), weshalb sie gelegentlich sehr schädlich werden. Der Muskatfink oder die Gefleckte Munia oder Nonne (*Lonchura* [= *Uroloncha*] *punctulata*) vermag mit seinem kurzen, aber kräftigen Schnabel harte Samen zu knacken. Der oben auf braunem Grund weiß gestrichelte „Prachtfink" zeigt auf der Brust und den Flanken ein schwarz-weißes Schuppenmuster. Sein „Lanzettschwänzchen" ist am Ende deutlich zugespitzt. Er findet sich in Schwärmen häufig im Kulturland bis zu 1500 Meter. Die Schwarzkopf-Munia oder -Nonne (*Munia malacca*) ist an der Oberseite braun, unten weißgelb und als gewandter Kletterer sogar auf Schilfhalmen anzutreffen. Auf Büschen von *Lantana*, in Teeplantagen, aber auch im Feuchtdschungel lebt die endemische Ceylon-Berg-Munia (*Uroloncha kelaarti*). Ihre Verwandte, die Weißrücken-Munia (*U. striata*), auch als Spitzschwanz-Bronzemännchen bezeichnet, besitzt ein schwarz-weißes Gefieder und wird, wie alle „Prachtfinken", gerne als Käfigvogel gehalten.

Die endemische Ceylonrasse der Grauscheitellerche (*Eremopterix grisea ceylonensis*) ist kleiner als ein Sperling. Das Männchen ist an der Kopfoberseite, am Rücken und an den Flügeln dunkelbraun gefiedert, bei den Augen verlaufen braune Striche, Seitenbrust und Hinterleib sind weißlich. Als Grundläufer ducken sie sich bei Gefahr in Mulden und suchen in der offenen Trockenlandschaft nach Samen und kleinen Bodeninsekten.

Ein weißer Ring („Brille") um die Augen kennzeichnet den endemischen Ceylon-Bergbrillenvogel (*Zosterops ceylonensis*), der an der Oberseite ein olivgrünes und unten ein gelbweißes Federkleid trägt. Als Bergbewohner, der häufig bis über 1500 Meter anzutreffen ist, baut er sein offenes Nest in den Baumkronen. Die geselligen Vögel huschen in Trupps hängend und hüpfend durchs Blattwerk und suchen vor allem nach den Raupen der Tortrix-Motte (*Homona coffearia*), sie vermögen aber auch mit ihrer langen Zunge Nektar aus Blüten zu saugen. Letztere Nahrung bevorzugen sowohl der Purpur- (*Cinnyris asiatica*) als auch der endemische, rußbraune Loten's-Nektarvogel (*C. lotenia lotenia*). Bei ersterer Art schimmert beim Männchen der Rücken mit violettblauem Glanz, seine chromgelben Federbüschel an den Brustseiten sind unter den Flügeln verborgen. Bei seinem lauten Gesang, der an den Waldlaubsänger erinnert, legt er sie frei über den Flügelbug. Die häufigen Vögel finden sich vom feuchten Tiefland bis in 2000 Meter im Gebirge sowohl im Dschungel als auch in offenen Wäldern und Gärten. Sie fliegen von Blume zu Blume, um mit ihrem langen Schnabel vom Nektar zu naschen, wobei sie große Blüten, wie beim Hibiskus oder der Cannapflanze, einfach anstechen. Finden die kleinen Nektarvögel zur Brutzeit die großen, festen Netze der Sarasinspinne (*Stegodyphus sarasinorum*) zwischen den Büschen, dann pressen sie eine Höhlung ins Netz und polstern den Grund mit Pflanzenteilen aus. Ein besonders prächtiges, schillerndes Gefieder besitzt das 10 Zentimeter große Männchen des endemischen Ceylon-Purpurbürzel- oder Zitronen-Nektarvogels (*C. zeylonica*). Kopf und Hals leuchten glänzend metallblau, der Rücken purpurrot, die Unterseite zitronengelb. Im langen, spitzen Schnabel liegt eine weit vorstreckbare, schmale, gespaltene Zunge, deren Ränder eine Röhre bilden, mit der Nektar aufgeleckt wird. Sein Ruf erinnert mit „swity-swi" an das Öffnen und Schließen einer rostigen Schere. Nach Regenfällen lieben es die paarweise lebenden Vögel, unter den herabfallenden Tropfen von Blättern zu „duschen". Sie finden sich auf der ganzen Insel, häufig in lichten Wäldern, Gärten und im Kulturland. Ihre beutelförmigen Nester hängen an Zweigenden.

Unter den 114 Arten, Unterarten und Lokalrassen der Säugetiere Sri Lankas sind 61 (= 54 %) für die Insel endemisch. Die größte Zahl an endemischen Gattungen, Arten und Lokalformen findet sich in der Ordnung der Insektenfresser (Insectivora), einer urtümlichen Gruppe der heute lebenden Säugetiere, deren Vorfahren bis in die Kreidezeit des Erdmittelalters (vor 130 Millionen Jahren) nachweisbar sind. Die kleinen, nur 10 bis 15 Zentimeter messenden Spitzrüssler (fälschlich im Deutschen auch als „Spitzmäuse“ bezeichnet, da sie den Echten Mäusen, Nagetieren, äußerlich ähnlich sehen) sind durch die zu einem kurzen Rüssel ausgezogene Nase und Oberlippe, die den unterständigen Mund überragen, ausgezeichnet. Ihr Körper ist langgestreckt, die Beine sind kurz und der Schwanz lang. Als nächtliche Raubjäger besitzen sie spitze Schneidezähne, kleine Augen, ein dichtes, weiches Fell und ein Seitendrüsenorgan. Beim Biß wirkt ihr Speichel lähmend auf die Beute (Insekten, Würmer, kleine Frösche und Echsen). Der oben dunkel und unten hellgrau gefärbte Langkrallen-Spitzrüssler (*Feroculus feroculus*), eine Reliktform, wurde bisher nur selten im Regenwald-Gebirge, der hellgraue, ebenfalls endemische Pearson’s Spitzrüssler (*Solisorex pearsoni*) dagegen isoliert im feuchten Tiefland gefunden. Außer den Weißzahn- oder Wimperspitzrüsslern (*Crocidurus horsfieldi, C. miya* [endemisch]) kennt man bisher noch vier Arten der Moschus-Spitzrüssler (*Suncus*-Arten) mit einem an der Wurzel verdickten Schwanz. Neben dem Indischen Moschus-Spitzrüssler (*S. caeruleus*), dem in Südostasien weit verbreiteten, 15 Zentimeter langen *S. murinus* mit 10 Zentimeter langem, dem endemischen *S. zeylonicus* mit 13 Zentimeter langem Schwanz wurde nur der 10 Zentimeter große, endemische Ceylon-Zwerg-Spitzrüssler (*D. fellows gordoni*) auf der Insel festgestellt. Das Sekret ihrer Seitendrüsen besitzt bei *Suncus*-Arten, besonders bei den Männchen, einen intensiven Moschusgeruch.

Von der Ordnung der Fledertiere (oder Fledermäuse; Chiroptera) sind die Großfledertiere oder Flughunde (Megachiroptera) auf Sri Lanka mit drei Arten vertreten: Der schwanzlose Indische Flughund (*Pteropus giganteus*) erreicht ein Größe von 30 Zentimetern bei einer Flügelspannweite von 120 Zentimetern und einem Gewicht von 80 Dekagramm. Sein braunes Fell ist am Bauch heller, wobei sich die gelbe Schulter und der Nacken deutlich abheben. Tagsüber hängen sie in großen Kolonien kopfabwärts von den Ästen hoher Bäume und streiten ständig um den besten Schlafplatz. Ihr Flughautmantel dient (bei Regen) als Wärmeschutz und -regler, bei Hitze wird er von Zeit zu Zeit gelüftet. Ihre Schlafbäume finden sich oft mitten in den Dörfern und Städten, sogar oberhalb des lärmenden Verkehrs. In der Dämmerung segeln sie ins Umland und fallen als Fruchtfresser auch in Plantagen ein, wo sie großen Schaden anrichten können. Oberhalb der Schnauze des 10 Zentimeter großen Indischen Kurznasen-Flughundes (*Cynopteryx sphinx brachyotis*) verläuft eine Rinne, die bei den kopfunter hängenden Tieren verhindert, daß der Saft von Früchten (Guaven, Mangos, wilde Feigen) in die Nasenlöcher fließt und die Atmung beeinträchtigt. Sie fressen auch Teile von Blüten und betätigen sich dabei als Blütenbestäuber. In großen Hohlräumen (Höhlen, Grotten, Tunnels) liegen die Schlafplätze des kurzschwänzigen Höhlen-Flughundes (*Rousettous leschenaulti seminudus*).

Die Unterordnung der Kleinfledertiere (Microchiroptera) ist auf Sri Lanka artenreich vertreten: Die 6 bis 10 Zentimeter großen Glattnasen-Freischwänze (Emballonuridae), wie *Taphozous* (= *Saccolaimus*) *saccolaimus, T. longimanus, T. melanopogon,* sind kraftvolle Flieger, die nachts meist hoch über den Wipfeln segeln und nach Fluginsekten jagen. Ihre Männchen besitzen einen Kehlsack, und als Ruheplätze wählen sie Bäume und Mauern. Dagegen sind die Klaffmäuler, wie die Falschen Vampire (*Megaderma lyra, M. spasma*), langsame Flieger, die abends manchmal bei den offenen Veranden der Häuser herumflattern und als Kleinräuber neben Insekten auch Geckos, kleine Vögel, ja sogar kleinere Fledertiere jagen.

Ein häutiger Nasenaufsatz in Form eines Hufeisens war namensgebend sowohl für die Zweizehen- (*Rhinolophus luctus, Rh. rouxi*) als auch für die Dreizehen-Hufeisennasen (*Hipposideros ater* [= *bicolor*], *H. fulvis, H. galeritus, H. lankadiva, H. speoris*), die als langsame, unbeholfene Flatterer im Buschland oft knapp über dem Boden nach Insekten suchen. Die größte Artenzahl findet sich bei den in und über der Wipfelregion gewandt segelnden Glattnasen (Vespertilionidae). Schreiber's Glattnase (*Miniopterus schreiberi*) besitzt kurze, im Fell verborgene Ohren und lange, schmale Flügel; bei *Murina cyclotis* finden sich Ansätze zu Nasenröhren. Die Mausohren (*Myotis hasselti, M. peshwa*) fliegen meist knapp über der Oberfläche von Gewässern, um nach Wasserinsekten zu schnappen; sie trinken häufig durch Schöpfen mit geöffnetem Maul und schlucken das Wasser beim Auffliegen. Die kleinsten, nur 3 bis 4 Zentimeter großen Fledertiere finden sich bei den Zwergfledermäusen (*Pipistrellus ceylonicus, P. coromandra, P. minus, P. mordax*). Bei den Bulldogg-Fledertieren (*Tadarida* [= *Chaerephon*] *plicata*, *T. aegyptica* [= *tragata*]) liegen die Lippen in Runzeln und Falten, die Ohren sind groß und breit; ihre kräftigen Hinterbeine mit breiten Füßen sowie Schwielen an den Handgelenken erlauben ihnen auch ein Laufen auf dem Boden. Ihr Schwanz ragt zur Hälfte aus der Flughaut, die borstenbesetzte Außenzehe kann wie eine Bürste zur Fellreinigung verwendet werden.

Die Halbaffen (Prosimiae), eine Unterordnung der Herrentiere (Primates), besitzen auf Sri Lanka (gemeinsam mit Südindien) mit dem Schlanklori (*Loris tardigradus*) einen einzigen Vertreter (mit der Inselrasse *grandi*). Der 25 Zentimeter große, fast schwanzlose, schlanke Lori mit langen Armen und Beinen hat ein oben graugelb bis graubraunes und unten weißliches, weiches, plüschartiges Fell. Seine großen, eulenartigen Augen leuchten in der Nacht rötlich, wenn er im dichten, 2 bis 3 Meter hohen Unterholz mit Hilfe seines Geruchssinnes nach Insekten sucht, die wegen übelriechender Sekrete von anderen Tieren nicht gefressen werden.

Auf Sri Lanka leben drei Vertreter (mit mehreren Lokalrassen) der Altweltaffen (Catharrhina) der Unterordnung der Affen (Simiae): aus der Familie der Meerkatzenartigen (Cercopithecoidea) der endemische Ceylon-Hutaffe (*Macaca (Zati) sinica*), aus der Familie der Schlankaffen (Colobidae) der Hulman-Langur (*Presbytis (Semnopithecus) entellus priam*) und der endemische Purpurgesichts- oder Weißbart-Langur (*P. (Kasi) senex nestor*). Sowohl beim Hutaffen als auch beim Weißbart-Langur gibt es Lokalrassen in der Trockenzone, im Hügelland und im Gebirge der Feuchtzone. Namensgebend für den Hutaffen sind seine „hutartig" aufrechten Kopfhaare, die von der Scheitelmitte nach allen Seiten wegstehen, als ob sie „nicht rechtzeitig zurückgeschnitten" wären. Sie leben in Horden in einem hierarchischen Rangsystem, an dessen Spitze ein dominantes Männchen steht. Sie sind Allesfresser, die auch häufig am Boden lichter Wälder und Parkanlagen (z. B. im Tempelbezirk von Polonnaruwa) anzutreffen sind, wo sie nach Insekten (Raupen), Pilzen, Früchten und Wurzeln suchen und sogar in seichte Teiche waten, um Lotosfrüchte zu fressen.

Obwohl ursprünglich Waldbewohner, findet man den Hulman-Langur häufig in der Nähe von menschlichen Ansiedlungen. Für die Hindus gilt er als heilig und fand als Affenkönig Hanuman seine literarische Verherrlichung im altindischen Epos „Ramayana". Mit seiner Hilfe holte König Rama seine von einem Dämon von Indien nach Sri Lanka entführte Gattin Sita zurück. Mit seinen langen, schmalen Händen und dem einen Meter langen Schwanz ist der schlanke Hulman ein eleganter Hängekletterer, der bis 10 Meter weit springen kann. Er ernährt sich hauptsächlich von Blättern, verschmäht aber auch Blüten und Früchte nicht. Das schwarze Gesicht wird von langen, borstenartig abstehenden, weißgrauen Haaren eingesäumt. Die Kopfoberseite ziert ein schopfartiger Haarkamm, und der große Kehlkopf trägt einen Kehlsack zur Stimmverstärkung. Das dichte, weiche Körperfell ist hellgrau, Hände und Füße sind dagegen fast schwarz. Sein Verwandter, der Weißbart-Langur mit einem silbergrauen Fell sowie einem Backenbart an den Wangen des rötlichen Gesichts ist leichter und schlanker als der Hulman. Sein singhalesischer Name „Wandhura“ wurde irrtümlich als „Wanderu“ auf den indischen, in Sri Lanka nicht vorkommenden Bartaffen (*Macaca silenus*) übertragen.

Die Trockenzone des niederen Hügellandes ist der bevorzugte Lebensraum des Vorderindischen Schuppentieres oder Pangolin (*Manis crassicaudata*). Bei einer Länge von 110 Zentimeter (inkl. Schwanz) ist die bräunliche Haut des Pangolin von großen, blaßgelbbraunen Schuppen bedeckt. Als zahnloser Ameisen- und Termitenspezialist besitzt er große Grabklauen und vermag mit seiner langen, klebrigen Zunge, die sich rasch schlängelnd bewegt, die Beute aus den Nestern zu holen. Dicke Lider schützen die Augen vor den Bissen der aufgescheuchten Insekten. Der Pangolin vermag „spannerraupenartig“ zu klettern und legt im Boden Röhren an, die in einer Wohnkammer enden, in der sie, zu einer Kugel zusammengerollt, schlafen.

Der langohrige Schwarznackenhase (*Lepus nigricollis*) findet sich in der Dämmerung häufig in allen Regionen im Grasland und im lichten Wald. Sein Fell ist oberseits hellbraun mit dunkleren Flecken, sein Nacken dagegen fast schwarz. Von Zeit zu Zeit richtet sich der Pflanzenfresser auf seinen Hinterbeinen auf, um eine bessere Übersicht zu bekommen, und kriecht bei Gefahr in Höhlen oder hohle Bäume.

Die flinken, zierlichen Palmhörnchen (*Funambulus palmarum, F. layardi, F. sublineatus*) mit drei blassen Streifen am dunkelbraunen Rücken sind häufig auf Palmen und Bäumen anzutreffen, wo sie nach Früchten (besonders Mangos) und Nüssen, aber auch nach Insekten suchen. Der katzengroße Taguan (*Petaurista petaurista*) ist ein „Riesen“-Flughörnchen (120 Zentimeter mit Schwanz) mit einer vollbehaarten Gleitflughaut seitlich am Körper, die ausgebreitet eine Spannweite von 60 Zentimeter besitzt. Sie wirkt bei den Sprüngen, die bis 60 Meter betragen können, wie ein Fallschirm, wobei der Schwanz das Steuerruder bildet. Der dichte, seidig glänzende Pelz ist an der Oberseite kastanienbraun, der Schwanz schwarz und an den Ohren stehen büschelige Haare ab. Das nächtlich aktive Tier, das sich hauptsächlich von Blättern ernährt, hat große Augen und, als guter Kletterer, kräftige, gebogene Krallen. Es baut in den höchsten, dichten Baumkronen sein Schlafnest, das einen Durchmesser von 1 Meter erreicht. Hier findet sich auch das große Nest aus Blättern und Zweigen des mardergroßen Königs- oder Felsen-Rieseneichhörnchens (*Ratufa macroura* [= *indica*] *dandolena*). Das Fell der Oberseite ist dunkelrot, Schulter, Mittelrücken, Schenkel und Schwanz sind schwarz, die Ohren tragen abstehende Pinselhaare. Es vermag bei seinen Klettertouren von Ast zu Ast bis zu 6 Meter weite Sprünge zu vollführen.

Die rattenähnliche Nacktsohlenmaus oder Ceylon-Sandratte (*Tatera indica*) mit verlängerten Hinterfüßen, dünnem Schwanz und gefurchten Nagezähnen bevorzugt bei ihrer nächtlichen Lebensweise neben pflanzlicher Nahrung auch Insekten, Eier und Jungvögel. Nicht selten findet man am Boden, unter dem Gestrüpp der Trockenflächen, schwarzbraune, weiß geringelte, spitz-derbe Stacheln des bis 80 Zentimeter großen Weißschwanz-Stachelschweins (*Hystrix indica* [= *H. leucura* = *Acanthion leucura*]). Es trägt von der Stirn bis zum ersten Drittel des Rückens mähnenartig lange, dünne, weiße Stachelborsten und auf den hinteren zwei Dritteln bis 40 Zentimeter lange, schwarzbraune, weiß geringelte Stacheln. Bei Gefahr richten sich Mähne und Stachelpanzer unter klirrendem Geräusch auf, und einzelne, lose Stacheln werden „abgeschossen". Der Schwanz dient dabei als „abschreckendes" Rasselorgan. Es ernährt sich rein vegetarisch und verläßt als Einzelgänger in der Nacht seine tief gegrabenen Erdbauten.

Bei den Mäusen und Ratten der Insel finden sich einige endemische Gattungen und Arten, wie *Coelomys mayori, Cremnomys blanfordi, Golunda ellioti, Millardia meltada, Mus cervicolor* (Ceylon-Feldmaus), *Mus fernandoi, Srilankamys ohiensis* und *Rattus montanus* (Ceylon-Bergratte), die meist nur lokal und selten zu beobachten sind. Kosmopoliten und große Schädlinge sowie Krankheitsüberträger sind die Wanderratte (*Rattus norvegicus*), die kleinere, schlankere Hausratte (*R. rattus*), die im Freien auch auf Bäume klettert, sowie die Hausmaus (*Mus musculus*). Bei den endemischen, weichhaarigen Langschwanz-Baummäusen (*Vandelauria nolthoni, V. oleracea*) erreicht der Schwanz bei einer Körperlänge von 8 Zentimetern über 10 Zentimeter. Als Nachttiere klettern sie zwischen Büschen, auf Bäumen und Bambus und suchen nach Knospen und Früchten. Ihre Nester bauen sie zwischen Zweigen in Baumhöhlen, ja sogar in großen, grobnetzigen Spinnennetzen.

Ein nächtlicher Einzelgänger in der Buschsteppe und im Kulturland ist der bis 80 Zentimeter große Ceylon-Goldschakal (*Canis aureus lanka*), dessen Pelz rotgolden schimmert; die Flanken sind braun. Als Allesfresser finden sich auf seinem Speisezettel neben Pflanzen und Insekten auch Vögel, Kleinsäuger, vor allem aber Aas.

Bis zu 100 Kilogramm – bei einer Schulterhöhe von 80 Zentimeter – erreicht der relativ harmlose Lippen- oder Faulbär (*Melursus ursinus valaha*), ein bereits seltener Bewohner der Trockenzone. Grobe, zottige, schwarze Haare bilden eine Nackenmähne, und sein flacher Kopf besitzt eine vorne abgestumpfte, langgezogene, rüsselartige Schnauze mit weit vorstreckbaren Lippen. Mit seinen Sichelkrallen zerstört er die Bauten von Ameisen und Termiten, bläst Luft in den Bau und saugt mit seiner langen, rinnenförmigen Zunge die Insekten auf.

Der in Eurasien bis Sri Lanka verbreitete, schlanke, langgestreckte Fischotter (*Lutra lutra*) lebt in der Nähe von Gewässern der Feuchtzone, wo er seine Bauten in der Uferböschung anlegt, um nach Fischen, Krebsen und Wasservögeln zu jagen. Alle vier Füße tragen Schwimmhäute und ermöglichen ein schlangenartiges Schwimmen, wobei beim Tauchen Ohren- und Nasenlöcher verschlossen werden. Er führt eine nächtliche Lebensweise und ist vor allem bei Mondschein sehr aktiv, während er sich tagsüber gerne an versteckten Lichtungen beim Schlafen sonnt.

Der Fleckenmusang, Rollmarder oder Palmroller (*Paradoxurus* [= *Paradoxus*] *hermaphroditus*), eine Schleichkatze

(Viverridae), erreicht (mit Schwanz) eine Länge von 1 Meter; sein wolliges, hellgraues Fell ist dunkel gefleckt, Beine und Schwanz sind schwärzlich. Die Baumtiere sind Allesfresser und „stehlen" bei günstiger Gelegenheit den „Palmwein". Nachts schlafen sie eingerollt in hohlen Baumstämmen oder in Astgabeln. Sein Verwandter, der endemische Ceylon-Goldmusang (*P. zeylonensis*) bevorzugt neben Palmtrieben mehr tierische Nahrung. Sein Fell ist goldgelb, am dunkleren Kopf verlaufen helle Stirn- und Wangenstreifen. Die Indische Kleine Zibetkatze (*Viverricula indica* [= *malaccensis*]) kann zwar klettern, lebt aber hauptsächlich am Boden. Obwohl Allesfresser, bevorzugt sie Vögel und ihre Eier. Das Fell ist individuell variierend von aschgrau bis gelb und mit Tupfen und zerfallenden Querstreifen versehen, der Schwanz quergeringelt, und die schiefgestellten Augen besitzen runde Pupillen. Aus Afterdrüsentaschen kann sie Zibet, einen Moschusduftstoff als weißen Schaum abgeben, der sich an der Luft rasch bräunt. Er wurde früher aus den Drüsentaschen „gemolken" und als Arznei- und Parfumbestandteil teuer gehandelt.

Von den Ichneumons (Herperstinae) sind vor allem die Mungos als Schlangenjäger bekannt, wie die Ceylonrasse des Indischen Mungo oder Manguste (*Herpestes edwardsi lankae*) mit seinem gestreckten Körper. Beim geradlinigen Lauf schwenkt er oft unmittelbar ab und richtet sich auf („Männchenmachen"). Während er – wie auch der Smith-Mungo (*H. smithi*) – solitär lebt, jagt der Schwarzmungo (*H. fuscus*) oft in Trupps, und der Halsstreifen-Mungo (*H. vitticollis*) in Paaren. Letzterer besitzt einen lockeren, rauhborstigen, rostroten Pelz, über Schulter und Kopf ziehen schwarze Streifen, die Ohren sind breit und kurz, die Beine sehr kurz. Er streift nächtlich durchs Gehölz und Rohrdickicht an Flußufern und jagt, als arger Räuber, neben Kleinsäugern, Schlangen, Echsen und Vögeln, gelegentlich auch Hühner in Dschungeldörfern.

In der nördlichen Trockenzone streift die tagaktive, hochbeinige, rotbraune Rohrkatze *(Felis (Chaus) chaus)* durch

Buschwerk und Schilf. Sie erreicht inklusive Schwanz eine Länge von 1 Meter und jagt Nagetiere, Vögel und Frösche. Vier rostbraune Längsstreifen kennzeichnen die im feuchten Dschungel weit verbreitete, 60 Zentimeter große, graubraune Ceylon-Rostkatze (*Prionailurus rubiginosus phillipsi*). Als standortstreue Wildkatze hat sie zum „Krallenschärfen" eigene „Kratzbäume" und jagt in der Nacht nach Reptilien, Vögeln und Kleinsäugern. Ihre Verwandte, die 110 Zentimeter große Ceylon-Tiger- oder Fischkatze (*Pr. viverrinus kotiya*) mit grünen Augen sowie olivbraunem Fell mit schwarzen Rumpfflecken bevorzugt als vorzügliche Schwimmerin feuchte Uferwaldungen und Schilf entlang von Flußläufen bis zur Mangrove. Neben Fischen, Fröschen und Krebsen frißt sie auch Wassermollusken.

Das größte, aber bereits sehr seltene Raubtier Sri Lankas ist der von Afrika bis Südasien in vielen Lokalrassen verbreitete Leopard (*Panthera pardus kotiya*), der solitär und territorial als Dämmerungsjäger ein verborgenes Leben im Regenwald, in Gebirgsklüften und Schilfbeständen führt. Die langschwänzige Ceylonrasse *kotiya* ist kleiner als die Festlandformen und besitzt ein dunkles, kleingeflecktes Fell. Er ist ein gewandter Baum- und Felskletterer, der auch Flüsse schwimmend durchquert. Während der Leopard sich tagsüber in einem Versteck aufhält, geht er bei Einbruch der Dunkelheit auf Jagd, wobei Nager, Affen, Hasen, junge und kranke Axishirsche und Wildschweine seine Hauptbeute sind. Er schleicht sein Opfer geduckt an und tötet es durch einen Nacken- oder Kehlbiß, um es anschließend in ein ruhiges Freßversteck zu schleppen.

In den Schutzgebieten und Nationalparks (Wilpattu, Gal Oya, Ruhuna-Yala) gibt es noch Wildpopulationen des Ceylon-Elefanten (*Elephas maximus vilaliya*). Die Schätzungen der Anzahl der heute geschützten Wildelefanten liegen zwischen 800 und 1500 Individuen nach den seit 1967 vom amerikanischen Smithsonian Institut (Washington) durchgeführten populationsdynamischen Untersuchungen. Bereits Mitte des 6. Jahrhunderts begannen die Tamilen mit der

Zähmung wilder Elefanten als Arbeitstiere für Staudämme und Tempelbauten. Fang und Jagd der Wildelefanten war durch Jahrhunderte das Privileg der Könige und ging später auf die Kolonialherren über. So berichtet John Hagenbeck, daß 1836 eine Jagdgesellschaft von vier Europäern in drei Tagen 106 (!) Elefanten erlegte. Um die Teeplantagen zu schützen, förderten zwischen 1870 und 1881 die englischen Kolonialherren die Großwildjagd, und der Pflanzer Samuel Baker (1821–1883) erlegte z. B. in acht Jahren mehr Elefanten als es heute auf Sri Lanka gibt. Ende des 19. Jahrhunderts wurde die Zahl der Wildelefanten auf 2000 bis 3000 geschätzt. Neben den Wildelefanten gibt es heute über 500 gezähmte Elefanten für Holzarbeiten und den Tempeldienst. Beim Fang von Wildelefanten zur Zähmung umstellen bis zu 1000 Treiber wilde Herden und jagen sie in riesige Umzäunungen (Kraals), wo die Einzeltiere gefesselt an zahme Artgenossen gewöhnt werden. Ab dem zehnten Lebensjahr können sie als Arbeits-, ab dem zwanzigsten Jahr als Tempelelefanten verwendet werden. Der Arbeitselefant ist auf seinen Wärter (Mahout) fixiert und kann von ihm mit 20 Kommandos geleitet werden.

Im Norden der Stadt Kegalle zwischen Colombo und Kandy befindet sich die Pinnawella Elephant Orphanage, eine Auffangstation, in der sich rund 200 Tiere befinden. Es ist die größte zahme Elefantenherde mit Arbeits-, Tempel- und kranken Elefanten, die sich in menschlicher Pflege befindet. Sie wurde bis 1996 von fast drei Millionen Menschen besucht, aber auch Fachleute von Europa und Sri Lanka aus den Gebieten der Veterinärmedizin und der Zoologie führen hier Untersuchungen und Praktika durch.

Als dominantester Pflanzenfresser der Insel bevorzugt der Elefant Blätter von Bäumen, Sträuchern und holzigen Kräutern, Bambusschößlinge und Gräser. Als schlechte „Futterverwerter“ fressen sie 18 bis 20 Stunden täglich. Arbeitselefanten erhalten pro Tag 50 Kilogramm Heu, Rüben, Hafer und ähnliches, wobei sie zusätzlich 70 bis 90 Liter Wasser aufnehmen.

Auf „Elefantenstraßen" durchqueren die Paßgänger lautlos den Dschungel und die Trockenwälder von Wasserloch zu Wasserloch. Sie baden gerne und können bei Bedarf schwimmen, wobei der Rüssel als „Schnorchel" dient. Meist sind es „matriarchale" Herden, in der ein altes Weibchen als Leittier jüngere Weibchen und Jungtiere führt. Die Männchen verlassen die Herde nach der Geschlechtsreife und leben meist solitär. Die Tragzeit der Weibchen beträgt 21 Monate, wobei eine Elefantenkuh ab dem 10. Jahr ihr erstes Kalb gebiert, dem nach vier Jahren eine weitere Geburt folgen kann. Während Wildelefanten ein durchschnittliches Alter von 40 Jahren erreichen, können Arbeitselefanten bis 60 Jahre alt werden. Nur zehn Prozent der Bullen besitzen Stoßzähne; von Zeit zu Zeit bekommen sie die sogenannte „Musth", wobei aus Hautschlitzen von Wangen- und Schläfendrüsen ein dunkles Sekret austritt. Während dieser Zeit, die von wenigen Stunden bis Monate dauern kann, sind die Bullen außergewöhnlich aggressiv. Die Ceylonrasse mit rosaweißen Flecken erreicht eine Körperlänge von 5 bis 6 Meter (und 130 Zentimeter Schwanz) bei einer Schulterhöhe von 2,5 bis 3 Meter und einem Gewicht bis 5000 Kilogramm.

Das wehrhafte Wild- oder Kammschwein (*Sus scrofa*), ein Allesfresser, bevorzugt die Trockenzone und unbeeinflußte Gebiete der Feuchtzone, schädigt allerdings auch Kulturen. Während Weibchen und Jungtiere kleine Herden bilden, streifen die hauerbewehrten Keiler meist solitär umher und wehren sich auch gegen Leoparden erfolgreich.

Die alten Männchen des Ceylon-Wildbüffels (*Nubalus arnee migone*) sind ebenfalls Einzelgänger, während Weibchen und Jungtiere in kleinen Herden umherziehen. Es sind gewaltige, massige Tiere mit sichelförmigen, flach nach hinten getragenen, dreieckigen Hörnern, einer Schulterhöhe von 180 Zentimetern und einem Gewicht bis 1000 Kilogramm. Sie bevölkern den feuchten Grasdschungel, wo sie sich von Gräsern, Kräutern und Wasserpflanzen ernähren. Wie die von ihnen abstammenden zahmen Wasserbüffel suhlen sie sich gerne in Tümpeln und Wassersenken.

Durchs offene Grasland ziehen die Herden des bis 90 Zentimeter hohen Axis- oder Fleckenhirsches (*Cervus* [= *Axis*] *axis*). Er ist weiß gefleckt auf dunkelbraunem Grund, Kehle und Schnauze sind dagegen rein weiß. Auffallend sind seine großen Augen und der lange Schwanz, das Geweih ist leierförmig wie beim verwandten kleineren, nur bis 70 Zentimeter hohen Schweinshirsch (*Cervus porcinus*), der einen buschig behaarten Schwanz besitzt und meist solitär im südwestlichen Regenwald lebt. Eine Schulterhöhe von 130 Zentimeter erreicht der mächtige, hochbeinige Ceylon-Sambhar- oder Pferdehirsch (*Cervus (Rusa) unicolor*). Sein grobhaariges Fell aus steifen, wolligen Haaren ist oben dunkelbraun, der Schwanz ist buschig und die Geweihstangen sind dick und geperlt. Solitär oder in kleinen Herden bewegt er sich als Waldbewohner fast lautlos durch das Dickicht und vermag auch Flüsse schwimmend zu durchqueren. Neben Gräsern, Kräutern und Blättern frißt er gerne Früchte.

Ein Zwerg unter den Inselhirschen ist das Muntjak (*Muntiacus muntjak*), ein solitärer „Buschschlüpfer" mit einer Schulterhöhe von 50 Zentimetern. Das kurzhaarige Fell ist glänzend braun, auf den behaarten, langen Rosenstöcken sitzen kurze Geweihstangen, und für das Männchen sind die langen Eckzähne des Oberkiefers charakteristisch. Noch kleiner mit einer Schulterhöhe von 30 Zentimetern ist der scheue, solitär lebende Fleckenkantschul oder Maushirsch (*Tragulus meminna*), der als Zehenspitzengänger in der Dämmerung durch Unterholz und Gebüsch schlüpft. Sein dunkelbraunes Fell ziert eine weiße Längsfleckenreihe, die oberen Eckzähne sind lang und säbelartig.

1970/71 führte eine Forschungsgruppe des Instituts für Zoologie der Universität Wien (unter der Leitung des Autors) gemeinsam mit der Universität von Kelaniya (Prof. Dr. Henry Costa) eine Untersuchung von Fließgewässern Sri Lankas von den Quellbächen im Gebirge bis zur Mündung durch. Die größten Flüsse, wie der Mahaveli-Ganga, erreichen eine Lauflänge von 330 Kilometer, der Kelani-Ganga von 145 Kilometer. Die Abflußverhältnisse sind ein

Spiegelbild der durch die Monsunregen bedingten Niederschläge. Während des Südwestmonsuns findet dabei eine starke Geschiebe- und Schwemmsandführung statt, die Schwemmlandschaften an der Küste verursachen. Die abgelagerten Laterite (durch Eisenoxyd rot gefärbter, entkieselter Tonerdehydratboden) sind umso intensiver dunkelrot, je eisenreicher das Muttergestein, aber umso heller, je größer der Feldspatanteil. Nichtlateritisch sind die bis 15 Meter mächtigen Sandkiese der Bergtäler (Ratnapura!), in denen Edel- und Halbedelsteine eingebettet liegen.

In den langsam strömenden Bergbächen der Hochflächen der Horton Plains (2100–2300 Meter) flottieren Laichkrautgewächse (wie *Aponogeton jacobsenii*), wächst im Uferbereich das Riedgras *Isolepis fluitans*, und im Stillwasserbereich wuchert freischwimmend der Wasserschlauch (*Utricularia* sp.), eine wurzellose, „fleischfressende" Wasserblütenpflanze, die zahlreiche pfefferkorngroße, lufterfüllte Blasen besitzt, in die eine durch eine Klappe verschließbare Öffnung führt. Sie fängt kleine Schwebeorganismen (Kleinkrebse), die sie als zusätzliche Nahrung auflöst und aufsaugt.

In der starken Strömung der Bergbäche überziehen Podostomeen (Podostomonaceae), wie *Podostoma subulatus*, die Geröllblöcke. Diese an das Leben in rasch fließenden Bächen angepaßten Blütenpflanzen besitzen thallusähnliche (lagerpflanzenähnliche), assimilierende Wurzeln und stark umgebildete Sprosse. Daneben flottieren Laichkräuter, wie die Krausblättrige Wasserähre (*Aponogeton crispum*), und Wasserkelcharten (*Cryptocoryne* ssp.). Ihre aus dem Wasser ragenden, kolbenartigen Blütenstiele sind von einer Scheide umhüllt. Sie bilden mit ihren Wurzelstöcken Ausläufer; ihre grün bis rosa gefärbten Blätter sind, je nach Art, länglich oder herz- bis eiförmig.

An Steinunterseiten kriecht der flache, dunkelbraune, ein Zentimeter lange Bachstrudelwurm (*Dugesia nannophallus*) mit lanzettförmigem Kopf, seitlich zu „Öhrchen"zipfel ausgezogen und zwei Augen an der Oberseite. Er ernährt sich von toten und lebenden Bachtieren, die er mit Hilfe von Geruchsflimmergruben aufspürt und mit einem zähen Schleim umhüllt. Dann wird der auf der Bauchseite gelegene Rüssel vorgestoßen und läßt ein Verdauungssekret austreten. Nach Auflösung der Beute wird sie aufgesogen. Die weltweit vorkommenden, rötlichen Schlammröhrenwürmer (*Tubifex tubifex, Limnodrilus hoffmeisteri*) stecken mit dem Vorderende in senkrechten, mit Schlamm ausgekitteten Röhren im Sand-Schlammboden der Bachufer. Das herausragende Hinterende führt pendelnde Atembewegungen durch. Sie finden sich oft in großen Kolonien in organisch verschmutzten Gewässern in der Nähe von Siedlungen mit Abwassereinleitungen. Der grünlich irisierende Wasserregenwurm (*Limnodrilus variegatus*) baut keine Röhren, sondern kriecht über den Bachgrund und zwischen Wasserpflanzen.

Nähert man sich dem Ufer eines Bergbaches, so verschwindet die Ceylon-Süßwasserkrabbe (*Paratelphusa (Ceylontelphusa) rugosa*) blitzschnell ins Wasser. Als „Gesundheitspolizei" ernährt sie sich hauptsächlich von angeschwemmten, abgestorbenen Pflanzen und Tieren. Die gleiche Nahrung nehmen auch Vertreter der Süßwassergarnelen (Caridea) auf. Sie haben einen seitlich zusammengedrückten Körper mit einem kräftigen Hinterleib und deutlichem Schwanzfächer sowie fünf lange Laufbeinpaare. Sie kriechen in der schwachen Strömung von Uferbuchten und in Kolken zwischen hereinhängenden Uferpflanzen, flottierenden Wasserpflanzen (*Cryptocoryne, Aponogeton*) und abgesetztem, pflanzlichem Detritus. Auf Sri Lanka finden sich Vertreter der Familie Atyidae, wie die 6 Zentimeter lange *Atya spinipes* sowie sechs Arten der Gattung *Caridina*. Charakteristisch sind die beiden Scherenpaare mit langen Haarpinseln; sie werden beim Öffnen der Scheren gespreizt und „fegen" den abgelagerten Detritus von der Oberfläche der Wasserpflanzen. Während die Jugendformen der Palaemoniden-Garnelen ebenfalls die Uferregion bewohnen, befinden sich die geschlechtsreifen Krebse, wie die zwölf Arten der Großscheren-Garnelen (*Macrobrachium*-Arten) unter Felsen und Geröll in der starken Strömung im Zentrum der Gebirgsflüsse. Die meisten Arten bleiben mit 9–11 Zentimetern relativ klein, nur die Riesenflußgarnele (*Macrobrachium rosenbergi*) erreicht eine Länge von 30 Zentimetern und wird kommerziell gefangen. Sie haben zwei wohlentwickelte Scherenpaare, von denen das zweite wesentlich länger ist als das erste. Die brutpflegenden Weibchen tragen zwischen den Hinterleibsbeinen ihre Eier, aus denen sogenannte Zoëa-Larven schlüpfen.

Von der Wassermilbenfauna (Hydracarina) Sri Lankas ist erst ein kleiner Bruchteil der vorkommenden Arten gefunden und beschrieben worden. Die Bachbewohner der Gattungen *Arrenurus, Torrenticola* und *Atractides* mit zum Teil endemischen Arten haben einen flachgedrückten, stark gepanzerten Körper mit großen Klauen und steifen Borsten zum Festklammern. Sie sind Räuber, deren Beute hauptsächlich aus Würmern, Kleinkrebsen und Wasserinsekten besteht. Sie wird mit den gegliederten Anhängen der Mundgliedmaßen gepackt, angestochen und ausgesaugt. Bis zur Geschlechtsreife werden mehrere Entwicklungsstufen durchlaufen, wobei die Larven als Parasiten an Wasserinsekten leben und bewegungslose Scheinpuppenstadien dazwischengeschaltet sind.

Fast 60 Prozent der Süßwasserfauna bilden die Wasserinsekten bzw. ihre Jugendstadien (Nymphen oder Larven). Die Nymphen der Eintagsfliegen (Ephemeroptera), einer erdgeschichtlich alten Gruppe der Fluginsekten, bewohnen hauptsächlich die Bergbäche. Die geflügelten, geschlechtsreifen Insekten (Imagines) leben meist nur wenige Stunden oder Tage, um die Begattung im Schwarmflug durchzuführen. Die Männchen sterben danach ab, während die Weibchen ihre befruchteten Eier in nahe Gewässer ablegen. Die verkümmerten Mundwerkzeuge gestatten den Imagines keine Nahrungsaufnahme. Ihre wasserbewohnenden Larven leben dagegen mehrere Monate und sind an die verschiedenen Lebensräume eines Baches angepaßt. Sie ernähren sich vom Algenbelag des Untergrundes und der Wasserpflanzen sowie von organischen Schlammteilchen (Detritus). Charakteristisch sind am Hinterleib paarige Kiemenanhänge, die je nach Lebensweise faden- bis breit blattförmig sind. Von Sri Lanka sind bisher zehn Familien mit 20 Gattungen und über 35 zum Großteil endemischen Arten bekannt geworden. Die Larven der Familie der Baetidae (bisher 12 Arten) mit den Gattungen *Baetis* und *Indobaetis starmühlneri* (endemisch) mit schmalem Körper und eiförmigen, abgerundeten Kiemenblättern sitzen meist auf flutenden Wasserpflanzen in der starken Strömung. Die Larven der Gattungen *Cloëon, Indocloëon primum, Porcloëon* und *Pseudocloëon* (alle endemisch) bevorzugen dagegen schwache Strömung mit sandigem Grund in Uferbuchten, Kolken und Stillgewässern. Sie vermögen durch Auf- und Abschlagen des Hinterkörpers und der beborsteten drei Anhänge zu schwimmen; ihre sechs ersten Kiemenblättchenpaare sind verdoppelt. Artenreich ist auch die Familie der Leptophlebiidae, in der alle bisher auf Sri Lanka gefundenen Gattungen und Arten endemisch sind. Die auf Bachsteinen sitzenden, stromlinienförmig abgeflachten Larven der Gattung *Kimminsula* stellen ein altes „Gondwana-Element“ mit verwandten Arten auf Madagaskar dar. Weitere Gattungen und Arten sind *Chloroterpes (Euthraulus), Megaglena (Thraulus) brincki* und *Isca (Tanycola) serendiba*. In der Familie der Caenidae mit den Gattungen *Caenis* und *Clypeocaenis* (endemisch) bildet das zweite Kiemenpaar der Larven eine große Platte, die alle folgenden Kiemen bedeckt. In der stärksten Strömung, auf senkrechten Felsen von Wasserfällen sitzen die Larven von *Telaganodes* (Familie Ephemerellidae) mit fünf Kiemenpaaren, die am Hinterrandrücken angewachsen sind. Die Larven der vier endemischen Arten der Gattung *Ephemera* vermögen mit ihren dolchartigen Oberkiefern im Weichboden der Ufer und Kolke Gänge zu bohren, die sie mit den starken, flachen Vorderbeinen ausschaufeln. Einen stark abgeflachten Körper besitzen als Bewohner von Geröll und Fels in der starken

Strömung die Larven der Aderhafte (Heptageniidae) mit der Gattung *Campsoneuriella*. Beim endemischen, 4 Millimeter kleinen, fast kreisrunden, krebsartigen Schildhaft (*Prosopistoma lieftincki*) sind der Brustabschnitt und die vorderen Teile des Hinterleibes zu einem flachen Rückenschild verschmolzen, sodaß die kurzen Beine von oben nicht sichtbar sind. Die Larve kann sich daher wie ein Saugnapf an Geröllsteinen festheften, um als Räuber kleine Mückenlarven zu fressen. Neben einer torpedoförmigen Larve einer noch unbeschriebenen, endemischen Art der Gattung *Chromacrys* sowie zwei endemischen Gondwana-Reliktarten der Gattung *Neurocaenis* sind noch die merkwürdigen Larven der Gattung *Povilla* zu erwähnen. Sie „bohren" nicht nur im Schlamm und in Pflanzen, sondern auch in Holz, wie in hölzernen Wasserröhren oder Schleusen der Wassertanks!

Eine weitere „altertümliche" Insektenordnung stellen die Stein- oder Uferfliegen (Plecoptera) dar, deren sauerstoffbedürftige Larven nur Gebirgsbäche bewohnen. Sie unterscheiden sich von den Larven der Eintagsfliegen durch das Fehlen der Hinterleibskiemen und nur zwei langen Anhängen. Büschelartige, fadenförmige Kiemen finden sich bei den gelbbraun gefleckten, endemischen Gattungen *Neoperla* (drei Arten) und *Phanoperla* (vier Arten) unterhalb der Brustabschnitte. Als Räuber suchen sie, an den Unterseiten von Geröllsteinen kriechend, nach Würmern, Krebschen und Insektenlarven, die sie mit ihren langen Fühlern mit Tastborsten und -kölbchen aufspüren. Die düster graubraunen Imagines mit zusammengefalteten Flügeln können keine Nahrung aufnehmen und sitzen meist auf Steinen in der Nähe von Bächen.

Von den 112 bisher von Sri Lanka beschriebenen Libellenarten (Odonata), deren sieben bis zwölf Jugendstadien (Larven) in Gewässern leben, sind nahezu die Hälfte für die Insel endemisch. Die Kleinlibellen oder Schlankjungfern (Zygoptera) sind mit acht Familien vertreten, ihre Larven besitzen einen schlanken Hinterleib mit drei dünnhäutigen Schwanzanhängen, die als Ruderorgane und Kiemen dienen. Bei den Großlibellen oder Drachenfliegen (Anisoptera) ist der Hinterleib der Larven dagegen plump und meist abgeflacht, stachelförmige Klappen bilden eine Analpyramide. Sie können Wasser in den Enddarm aufnehmen, der mit seiner faltigen Oberflächenvergrößerung auch als Atemorgan funktioniert. Durch plötzliches Ausstoßen des aufgenommenen Wassers erfolgt durch eine Art „Raketenantrieb" ein Rückstoß, und das Tier „schießt" nach vorne. Alle Libellenlarven sind Räuber und ergreifen ihre Beute (Würmer, Wasserinsekten) mit Hilfe einer vorstreckbaren „Fangmaske" wie mit einer Greifzange. Die zigarrenförmigen, 5 Zentimeter messenden Larven der Königslibelle (*Anax immaculifrons*) vermögen sogar Kaulquappen und Jungfische zu erbeuten. Während die meisten Larven der Kleinlibellen (*Vestalis-, Lestes-, Drepanosticta*-Arten) in schwacher Strömung oder in Stillgewässern am Boden oder zwischen Wasserpflanzen schlängeln, schwimmen und kriechen, findet sich die Larve der Prachtjungfer (*Euphaea splendens*) in der starken Strömung auf der Unterseite von Geröllsteinen „angesaugt". An ihrem Hinterleib sitzen mehrere paarige, fadenförmige Anhänge, und die drei blattförmigen Hinterleibsanhänge sind auf der Unterseite saugnapfartig eingedellt. Bei den Imagines, die man häufig an den Ufern der Bergbäche antrifft, glänzen die Hinterflügel lebhaft grünschwarz. Auf Geröllsteinen vermögen sich die Larven der Ceylon-Großlibelle (*Zygonyx iris ceylanica*) mit Hilfe starker Krallen festzuhalten, während sich die abgeplatteten Larven der Kleinlibellen (Gomphidae: *Heliogomphus sp., Megalogomphus ceylanicus, Paragomphus henryi*) im sandigen Uferbereich der Bäche eingraben können.

Von Sri Lanka sind bisher fast 190 Arten mit 12 Familien der Ordnung der Köcherfliegen (Trichoptera) beschrieben worden. Die meisten der wasserbewohnenden Larven verweben mit einem Gespinst Fremdmaterial (Blattstücke, Steinchen und dgl.) zu einem Gehäuse, einem „Köcher", der ihren weichen Hinterkörper schützt. Die Larven der Hydropsychidae-Arten stecken in einem röhrenförmigen, mit Steinchen bedeckten Gespinst, das auf Steinen befestigt wird. Vor der Köchermündung spinnen sie gegen die Wasserströmung ein feinmaschiges Netz, aus dem die Larven von Zeit zu Zeit das darin abgelagerte Kleinst-Treibgut herausholen und fressen. Die am Bachboden kriechenden Larven der Gattung *Goëra* verbreitern ihren röhrenförmigen Köcher aus Sandkörnern flügelförmig mit schwereren, größeren, flachen Steinchen. Die Gehäuse der Schneckenhaus-Köcherfliegen (*Helicopsyche*-Arten) erinnern an kleine Schneckenschalen und sind aus vielen kleinen Sandkörnern mosaikartig zusammengesetzt. Da sich im Sand der Bergbäche von Sri Lanka auch Edel- und Halbedelsteine befinden, entdeckt man nicht selten Splitter von Rubinen, Saphiren und Mondsteinen am Gehäuse!

Interessant ist, daß in den Bergbächen auch Raupen und Puppen der Schmetterlingsfamilie der Wasserzünsler (Pyralidae: *Aulacodes*-Arten) leben. Als Wasserbewohner tragen sie pro Körperabschnitt seitwärts paarige, büschelige Kiemen. Zur Verpuppung spinnen sie einen flachen, durchsichtigen Kokon auf Geröllsteinen, aus denen 6 Millimeter große, mottenähnliche Schmetterlinge schlüpfen, die im Ufergebiet leben.

Nähert man sich dem Ufer eines Bergbaches, so bemerkt man in der Spritzwasserzone die flügellose, grau gefleckte und langfühlerige Bachufergrille (*Paranemobius pictus*), während am überspülten Ufer die Gavial-Säbeldornschrecke (*Euscelimena gavialis*) sitzt, die bei Gefahr ins Wasser springt und eine kurze Strecke unter Wasser schwimmen kann. Die Larven der Uferschaben (*Rhabdoblatta*-Arten) verbergen sich untergetaucht unter Ufersteinen, wobei nur die Spitze des Hinterleibes aus dem Wasser ragt, um Luft atmen zu können.

Mit bisher 120 gefundenen und z. T. endemischen Arten leben die wasserbewohnenden Familien der Schnabelkerfe oder Wanzen (Hemiptera) in Uferbuchten und Kolken der Fließ-, aber auch in Stillgewässern (Wassertanks). Unter Ausnützung der Spannung des Oberflächenhäutchens gleiten die Wasserläufer (Gerridae), Teichläufer (Hydrometridae) und Stoßwasserläufer (Veliidae) über die Wasserflächen und jagen nach Insekten, die sie mit ihrem Stechrüssel aussaugen. Der flache Ceylon-Wasserskorpion (*Cercometus strangulatus*) kriecht langsam in Ufernähe und hält als Luftatmer seine beiden Atemröhren als „Schnorchel" über die Wasseroberfläche. Bei den Ruderwanzen (Corixidae: *Micronecta*-Arten), die zirpen können, ist der Körper von einer dünnen Luftschichte umgeben, die wie bei den Schwimmwanzen (Naucoridae: *Aphelocheirus-, Heleocoris*-Arten) von feinen Haaren und den Flügeln festgehalten wird. Mit dem Rücken nach unten schwimmen die Rükkenschwimmer (Notonectidae: *Enithares simplex*) mit ihren behaarten Hinterbeinen. Bei ihrem Fang muß man vorsichtig sein, da sie empfindlich stechen können.

Obwohl bereits über 150 Arten an wasserbewohnenden Käfern (Coleoptera) auf Sri Lanka festgestellt wurden, dürfte ihre Zahl zwischen 200 und 250 Arten betragen. Auf der Wasseroberfläche schwimmen in Uferbuchten und Kolken die Taumelkäfer (Gyrinidae: *Orectochilus*-Arten) mit ihren breiten, flachen, behaarten Beinen in Kreisen und Spiralen. Ihre Augen sind in eine obere und eine untere Hälfte geteilt, sodaß sie sowohl über als auch unter Wasser sehen können. Sie sind Räuber, wie die stromlinienförmig abgeflachten Schwimmkäfer (Dytiscidae: *Neptosternus*-Arten u. a. Gattungen). Mit ihren abgeflachten Hinterbeinen vermögen sie wie mit Rudern gleichzeitig nach rückwärts zu stoßen, während die hochgewölbten, pflanzenfressenden Wasserkäfer (im engeren Sinn; Hydrophilidae: *Pelthydrus-, Helochares*-Arten u. a. Gattungen) ihre Beinchen abwechselnd bewegen und nur langsam kriechen. In den letzten Jahren wurden über 30 Arten der Hakenkäfer (Elmidae, Dryopidae: *Potamophilus-, Stenelmis-, Ilamelmis-, Podelmis*-Arten u. a. Gattungen) von den Bergbächen Sri Lankas beschrieben. Diese winzigen, nur 1,5 bis 3 Millimeter großen, schwarzbraunen Käfer können sich auch in der stärksten Strömung mit ihren starken, hakenförmigen Klauen an Unebenheiten

(Geröll, flutende Pflanzen) festklammern und langsam kriechend ihre pflanzliche Nahrung (Algen) aufnehmen. Besonders bemerkenswert und ebenfalls an die stärkste Strömung angepaßt sind die abgeflachten Larven der Schildpattkäfer (Psephenidae: *Eubrianax*-Arten): Ihr Brust- und Hinterleibsabschnitt sind enorm verbreitert und bilden einen geschlossenen Panzer, unter dem der Körper mit den Beinen und Kiemen geschützt verborgen liegt. Damit preßt sich die Larve saugnapfartig an die Unterlage (Geröllsteine, Felsen), um nicht weggespült zu werden. Sie verpuppen sich auch unter dem „Panzer", während die ausschlüpfenden Käfer im Uferbereich leben. Die einzigen Süßwassertiere, die unter Wasser leuchten können, sind die Larven des Leuchtkäfers *Luciola* (Lampyridae), die als Räuber vor allem Wasserschnecken ausfressen. Sie leuchten gelbgrün mit Hilfe von aus dem Fettkörper entstandenen Leuchtorganen des Hinterleibes.

Wenig erforscht sind auf Sri Lanka noch die wasserbewohnenden Larven von Zweiflüglern (Diptera). So kennt man erst knapp 30 Arten der winzig kleinen Zuckmücken (Chironomidae: Orthocladiinae, *Tanypus-*, *Tanytarsus-*, *Chironomus-* u. a. Gattungen und Arten), zu erwarten sind wahrscheinlich über 400 Arten. Die Stechmücken (Culicidae), deren Larven sich auch in den kleinsten Wasserpfützen entwickeln, sind durch 122 Arten aus 11 Gattungen vertreten, darunter die Gattungen *Aedes, Culex* und *Anopheles* (bedeutend als Überträger der Malaria!). Typische Bewohner der Sturzbäche und Wasserfälle sind die Larven der Kriebelmücken (Simuliidae: *Simulium (Gomphostilbia)*-Arten), die mit einer Haftscheibe festsitzen und egelartig kriechen können. Zwei Fächer ihrer Oberlippe bilden einen Fangkorb, mit dem die Larve ihre Nahrung aus dem vorbeiströmenden Wasser filtriert. Die Larven der Lidmücken (Blephariciidae: *Hammathorina*-Arten) haften sich in den Kaskaden mit sechs Bauchsaugnäpfen so fest an den Felsuntergrund, daß man sie beim Aufsammeln nur mit einem Messer ablösen kann.

Eine genaue Analyse der auf Sri Lanka vorkommenden Süßwasser-Weichtiere führte die österreichisch-ceylonesische Expedition 1970/71 durch: Unter den kiemenatmenden Kahnschnecken (Neritidae), Einwanderer von den Meeresküsten über das Brack- ins Süßwasser, leben die Ohrkahnschnecken (*Neritina auriculata*) und die Linierte Napfkahnschnecke (*Septaria lineata*) im Unterlauf der Inselflüsse bis zu den Mündungen. Die Apfelschnecken (Ampullariidae: *Pila globosa*) aus pflanzenreichen Stillgewässern (Wassertanks) und langsam strömenden Tieflandflüssen mit Schlammgrund vermögen sowohl mit einem Kiementeil als auch mit einem Lungenteil der Mantelhöhle zu atmen. Die Familie der kiemenatmenden Kronenschnecken (Thiaridae) ist durch mehrere Arten vertreten, vor allem durch die Gattung *Paludomus*. Von den elf Arten leben *P. chilinoides* und *P. palustris* in Wassertanks und schwach strömenden Bächen des Tieflandes. Dagegen sind die endemischen Arten *P. loricatus, P. neritoides* und *P. nigricans* mit dikken, skulptierten Gehäusen ausschließlich in den Bächen und Flüssen des Gebirges anzutreffen. Die lebendgebärende Schwarze- (*Thiara scabra*) und die Nadel-Kronenschnecke (*Melanoides tuberculata*) von denen nur Weibchen bekannt sind, die sich parthenogenetisch (durch „Jungfernzeugung") fortpflanzen, treten oft massenhaft auf Sand-Schlammgrund auf.

Die Wasserlungenschnecken (Pulmonata-Basommatophora) sind Stillwasserbewohner (Wassertanks, Reisfelder), wie die Kleine Schlammschnecke (*Radix luteola pinguis*) mit einem zylindrischen Gehäuse und die Tellerschnecken (Planorbidae), wie das Posthörnchen (*Gyraulus convexiusculus*) mit einer scheibenförmigen Schale. Die wasserfiltrierenden Süßwassermuscheln graben im Sand-Schlammboden, wie zum Beispiel die 50 bis 70 Millimeter lang werdenden Flußmuscheln (Unionidae: *Lamellidens lamellatus, L. testudinaria, Parreysia corrugata*) und die nur 2 bis 3 Millimeter großen Erbsenmuscheln (*Pisidium javanum, P. annandalei, P. prasongi*).

Die Artenzahl der Süßwasserfische von Sri Lanka schwankt je nach Fachliteraturquelle zwischen 52 und 64 (mit Brackwasserformen), wovon 56 einheimische Fische ihren Lebenszyklus ausschließlich im Süßwasser durchlaufen; 18 Arten sind endemisch, weitere 18 Arten wurden seit 1882 aus anderen Tropengebieten eingeführt. Darunter sind auch Speisefische: drei afrikanische Maulbrüter, vor allem *Sarotherodon* (= *Oreochromis* = *Tilapia*) *mossambicus*, weiters der Gurami (*Osphronemus goramy*), der Schlangenkopf-Gurami (*Trichogaster pectoralis*), der Gemeine Karpfen (*Cyprinus carpio*) und verschiedene Chinakarpfen (*Catla catla, Labeo rohita, Cirrhinus* sp.). Für die Moskitolarvenkontrolle wurden der Guppy (*Poecilia reticulata*), der Schwertfisch (*Xiphophorus helleri*) und der Scheckenkärpfling *(Gambusia affinis)* ausgesetzt.

Ein Charakterfisch der Bergbäche ist der Ceylon-Steinsauger (*Garra lambda* [= *ceylonensis*]), hinter dessen unterständigem Maul ein Teil der Unterlippe in eine Saugscheibe umgewandelt ist, mit der sich der Fisch an Geröllsteinen ansaugt. Die Fransenlipper (*Labeo*-Arten) verwenden ihre dikken Lippen als Saugorgan. Im gleichen Lebensraum der Sturzbäche vermögen sich die Bachgrundeln (*Gobius grammepomus, Glossogobius giuris, Sicydium halei*) mit ihren zu einem tütenförmigen Saugnapf verwachsenen Bauchflossen am Untergrund festzuhalten und der Strömung zu widerstehen.

Besonders artenreich und mit einigen endemischen Arten auf Sri Lanka ist die Gattung der Zierbarben (*Puntius*), die man bei uns häufig in Aquarien antrifft. Die Prachtbarbe (*Puntius conchonius*) verdankt ihren deutschen Namen dem Männchen, das leuchtend rote Flanken und einen grünlich schimmernden Rücken mit schwarzen Flossenrändern aufweist, während bei der 6 Zentimeter großen, gelb-schwarzen, endemischen Purpurkopfbarbe (*P. nigrofasciatus*) vor allem der Kopf purpurrot gefärbt ist, die Körperseiten schmükken schwärzliche Querbänder. Beide Arten sind als Schwarmfische häufig in ruhig fließenden, durchkrauteten

Gewässern des Tieflandes anzutreffen. Verschiedene rot gefärbte Lokalformen besitzt die 5 Zentimeter große Stirnstreifen- oder Bitterlingsbarbe (*P. titteya*) mit einem Paar Barteln im Oberkiefer. Bei der gelbgrünlich schimmernden Nominatform verläuft seitlich ein schwarzbraunes Längsband, begrenzt von einem irisierenden Streifen. Sie schwimmen gerne zwischen Wasserpflanzen, wie die Rubinbarbe, eine rote Varietät von *P. ticta*. Mit drei schwarzen Flecken in der Körpermitte ähnelt die Narayanbarbe (*P. narayani*) der hochrückigen, silbrig schimmernden, endemischen Ceylonbarbe (*P. cumingi*) mit einem breiteren vorderen und einem kleineren hinteren Querband.

Schwarmfische sind auch der Schlankbärbling (*Rasbora daniconius*) und der hochrückige, endemische Perlmutterbärbling (*R. vaterifloris*). Letzterer besitzt neben graugrünen Seiten und einem weißlichen Bauch auffällige orange Flossen. Der lebhafte, 7 bis 12 Zentimeter große, gestreckte Malabarbärbling (*Danio malabaricus*) mit einem oberständigen Maul trägt ein Paar Unterkieferbarteln. Auffallend sind seine vier breiten, stahlblauen Längsstreifen sowie der zartrosa Bauch und die rosa Flossen. Der Indische Sichling (*Chela laubuca*) verdankt seinen deutschen Namen der sichelförmig gebogenen Bauchseite, und den kleinen, schlanken, silbrig glänzenden Ceylon-Flugbärbling (*Esonus danrica*) mit schwarzen Längsstreifen erkennt man an den langen Oberlippenbarteln. Ein „Riese“ mit einer Länge bis 140 Zentimeter ist die Großschuppenbarbe (*Tor khudree*), ein wirtschaftlich genutzter Speisefisch der breiten, träge fließenden Unterläufe. Er wird als Allesfresser von den Einheimischen als „Unterwasserkuh“ bezeichnet. Die im Oberflächenwasser in Schwärmen schwimmenden, schlanken Hechtlinge, wie der graugelbe Gewöhnliche Hechtling (*Aplocheilus panchax*) und der hellbraune, dunkel gepunktete, endemische Ceylon-Hechtling (*A. dayi*), erreichen nur eine Länge von 8 Zentimeter.

Die Schmerlen (Cobitidae) bewohnen klare Berggewässer mit kiesigem Grund, wo sie mit ihrem unterständigen Maul und zwei Oberlippenbarteln sowie einem Paar Schnauzbartfäden nach Insektenlarven, Garnelen und dergleichen suchen. Neben den langgestreckten Bachschmerlen (*Noemachilus botia, N. notostigma*) finden sich in den Gebirgsbächen von Sri Lanka noch die graugrün marmorierten, zylindrischen Schuppenkopfschmerlen (*Lepidocephalus thermalis, L. jonklaasi*) mit schleimiger Haut. Beim braungelb marmorierten, bis 75 Zentimeter langen Stachelaal (*Mastacembalus armatus*) mit aalähnlichem Körper reicht die einheitliche Rücken- und Afterflosse bis zur Schwanzflosse. Mit einem fleischigen Anhang an der spitzen Schnauze tastet er beim schlängelnden Schwimmen in verkrauteten Gewässern den Grund ab.

In den Mittel- und Unterläufen der Flüsse leben einige Vertreter der schuppenlosen Welse (Siluridae) mit Mundbarteln und langer Afterflosse. Die größte Art der Insel ist der gefräßige Jagdwels (*Wallagonia* [= *Wallago*] *attu*), der gelegentlich eine Länge von über einem Meter erreicht. Er jagt tagsüber dicht unter der Wasseroberfläche, springt dabei im Bogen aus dem Wasser, um klatschend zurückzufallen. Ein Raubfisch mit einem sehr dehnungsfähigen Maul und vier Paar Barteln ist auch der 30 Zentimeter lange Sackkiemer (*Heteropneustes fossilis*). Er vermag mit einem langen, walzenförmigen, hohlen Kanal an jeder Seite auch Luft aufzunehmen. Bei seinem Fang ist Vorsicht geboten, denn seine abgespreizten, spitzen Brustflossenstacheln können schmerzhafte Wunden verursachen. Biologisch bemerkenswert ist der bis 50 Zentimeter erreichende Langstirn-Maulbrüterwels (*Tachysurus (Netuma) thalassinus*) mit drei langen Barteln. Das Männchen trägt die befruchteten Eier bis zum Schlüpfen der Jungfische in der Mundhöhle.

Gefräßige Bodenräuber, die als „Kannibalen" auch kleinere, jüngere Vertreter ihrer Art überwältigen, sind die langgestreckten, 20 bis 100 Zentimeter langen Schlangenkopf-Fische (*Ophiocephalus* [= *Channa*] *orientalis, O. punctatus, O. striatus, O. marulius ata, O. gachua*), die eine zusätzliche Luftatmung besitzen. Am großen, breiten Kopf öffnet sich ein großes, dehnbares Maul, die vordere Nasenöffnung ist zu einer Röhre ausgezogen, und die Augen sind unabhängig voneinander drehbar.

Zusätzliche Luftatmung findet man auch bei den Labyrinthfischen (Anabantidae). Ihr Name bezieht sich auf die von Knochenlamellen gestützten Schleimhautfalten, die in einen Hohlraum (Labyrinthtasche) über den Kiemen ragen und von Blutgefäßen durchzogen sind. Im Stillwasserbereich (Uferbuchten, Kolke) schwimmt in lockeren Schwärmen zwischen Steinen, Wurzeln und Wasserpflanzen der 13 bis 15 Zentimeter große Ceylon-Makropode (*Belontia signata*). Seine Seiten und Flossen sind rötlich, der Bauch tiefrot, und beim Männchen sind die mittleren Schwanzflossenstrahlen fadenförmig verlängert. Der 7,5 Zentimeter große Spitzschwanz-Makropode (*Macropodus cupanus*) ist an seiner elegant zugespitzten Schwanzflosse erkennbar; sein rötlichbrauner Körper besitzt einen grünlichen Glanz, die Kehle ist schwarzgrau, die blau gesäumten, grauen Flossen mit roten Tupfen versehen. An die vorige Art erinnert der kleinere, nur 4,5 Zentimeter große Kretser-Makropode (*Malputta kretseri*) mit zwei schwarzen Fleckenlängsreihen auf braunrotem bis blauem Grund. Die himmelblau gesäumten, gelbbraunen Flossen schimmern in bläulichem Glanz.

Die 1,2 Meter lange Ceylon-Fischnatter (*Natrix piscator*) liegt meist im Wasser und lauert mit der Schnauzenspitze an der Oberfläche auf ihre Beute, die aus Fischen und Fröschen besteht. Nach dem Fang kriecht sie ans Ufer, wo sie ihre Beute verschlingt. Einen breiten, stumpfschnauzigen Kopf besitzt die meterlange, lebendgebärende Hundskopf-Trugnatter (*Cerberus rhynchops*). Ihre Oberseite ist graugrün, die Unterseite heller und mit dunkelgrünen Querflecken versehen. Sie ist im Besitz einer Giftdrüse, deren relativ schwaches Gift beim Biß durch eine Rinne der hinteren Oberkieferzähne abfließt. Sie frißt ihre Beute – neben Fischen auch Garnelen und Krabben – unter Wasser. Die größten Fischräuber, deren Bestände aber durch Bejagung fast ausgerottet wurden, sind das dem Nilkrokodil sehr ähnliche, maximal 5 Meter lange und nur im Süßwasser lebende Sumpfkrokodil (*Crocodylus palustris*) sowie das über 7 Meter lange Leistenkrokodil (*Cr. porosus*), das vor allem im Brackwasser der Flußmündungen und in Mangroven anzutreffen ist. Letzteres vermag auch ins offene Meer hinauszuschwimmen und hat daher ein großes Verbreitungsgebiet, das im Indopazifik von den Küsten Südindiens und Sri Lankas über den Sunda-Archipel bis Neuguinea reicht.

1979/80 führte ein internationales Forscherteam im Parakrama Samudra Tank bei Polonnaruwa gewässerkundliche und fischereibiologische Untersuchungen durch. Die Ergebnisse wurden 1983 in der Serie „Developments in Hydrobiology" im Band 12 der Zeitschrift „Hydrobiologia" publiziert (Herausgeber: Univ.-Prof. Dr. Fritz Schiemer, Wien). 1984 erschienen in den „Monographiae Biologicae", Band 57, Ergebnisse über die Biologie und Biogeographie von Sri Lanka, und 1993 erfolgte die Zusammenfassung der Referate eines internationalen und interdisziplinären Symposiums (1990) unter dem Titel „Ecology and Landscape Management in Sri Lanka" (Verl. Josef Margraf). 1995 startete ein INCO-DC Programm der EU zur Nutzung der großen Tanks und Stauseen von Sri Lanka.

New Delhi
INDIEN
Calcutta
Bombay
Madras
SRI LANKA
INDISCHER OZEAN